BIBLIOTHÈQUE D'HORTICULTURE

(ENCYCLOPÉDIE HORTICOLE)

PUBLIÉE SOUS LA DIRECTION DE

M. LE Dr F. HEIM

Professeur agrégé d'Histoire Naturelle à la Faculté de Médecine de Paris,

Docteur ès sciences,

Membre de la Société Nationale d'Horticulture.

CALCÉOLAIRES

CINÉRAIRES, COLÉUS

HÉLIOTROPES

PRIMEVÈRES DE CHINE, ETC.

DESCRIPTION ET CULTURE

PAR

JULES RUDOLPH

Lauréat de la Société Nationale d'Horticulture.

AVEC 38 FIGURES DANS LE TEXTE

PARIS

OCTAVE DOIN, ÉDITEUR

8, PLACE DE L'ODÉON, 8

1897

PRÉFACE

En groupant les cinq genres qui forment le titre de ce livre, nous avons pensé réunir en un même travail des végétaux assez distincts les uns des autres par leur beauté particulière et leurs mérites respectifs, mais très rapprochés, au contraire, par leur popularité. Il est en effet peu de plantes aussi répandues que les Calcéolaires, Cinéraires, Coléus, Héliotropes, Primevères de Chine, et peu, aussi, dont la culture soit si attrayante.

Le sujet a surtout été traité au point de vue cultural et pratique, et les descriptions des espèces, races, variétés, sont celles des plantes connues aujourd'hui.

M. Heim a bien voulu se charger de rédiger les courtes notices botaniques, relatives à chaque plante étudiée.

Les lecteurs désireux de connaître les principales maladies, aujourd'hui connues, des plantes que nous allons passer en revue, devront se reporter à l'ouvrage : *Maladies des plantes ornementales* qui doit paraître prochainement dans cette bibliothèque.

C'est à l'obligeance de MM. Vilmorin-Andrieux et Cie que nous devons beaucoup des gravures intercalées dans le texte. Notre but sera donc atteint, si nous sommes parvenu à former un bon *guide* pour la culture de ces belles fleurs.

Jules Rudolph.

CALCÉOLAIRES, CINÉRAIRES,

COLEUS, HÉLIOTROPES,

PRIMEVÈRES DE CHINE, ETC.

CONSIDÉRATIONS GÉNÉRALES SUR CES PLANTES

Les végétaux sont rares auxquels la versatilité humaine accorde une carrière horticole brillante vraiment longue, et bien peu de citations peuvent être faites de plantes qui ont résisté aux fluctuations de la mode.

La beauté du feuillage, du port ou des fleurs, ne suffit pas toujours à donner droit de cité durable à une espèce, race ou variété cultivée dans les jardins, car, alors, combien pourraient réclamer une juste place dans les parterres ou les serres, combien auraient le droit d'éliminer des végétaux nouveaux et qui n'ont que ce mérite dont tout le monde est engoué!

Il faut en effet à une plante des qualités bien remarquables et des aptitudes d'emplois très diverses pour occuper avec honneur une place importante et permanente aussi bien chez le public que chez l'horticulteur; ces qualités exigées sont nombreuses, et la faculté des emplois doit être grande.

Si on ajoute à cela que la sélection et la science des semeurs ne doivent pas rester en défaut et ont à conduire la plante vers des améliorations toujours plus sensibles, vers des perfectionnements toujours nouveaux, on n'est plus étonné que le nombre soit si petit, des végétaux, dont le public, difficile et changeant dans ses goûts, ne se lasse pas et considère comme toujours beaux, malgré les nouveautés, l'ancienneté de l'espèce, malgré la mode, enfin!

Parmi ces peu nombreuses élues, nous devons citer les Calcéolaires, Cinéraires, Coleus, Héliotropes, Primevères de Chine, etc., dont la popularité est grande et les services qu'elles rendent assez multiples pour n'avoir pas besoin d'être relatés ici ; elles sont et resteront parmi les meilleures plantes de marché des horticulteurs, comme aussi des plus jolies pour les amateurs.

Beaucoup de qualités ont fait des végétaux ci-dessus la série culturale peut-être la plus importante et l'une des plus rémunératrices au point de vue commercial pour les horticulteurs, dans tous les cas, la plus brillante et la plus recherchée par le public et par les amateurs. Il est en effet difficile de trouver mieux réunies que sur ces quelques genres, la beauté et l'originalité florales, la floribondité, la diversité de coloris du feuillage et le parfum des fleurs.

La Calcéolaire nous offre une des plus curieuses conformations que peut affecter une fleur : sur des pédoncules légers et gracieux s'épanouissent en bouquet de nombreuses corolles, dont la forme rappelle vaguement la pantoufle (babouche) du temps de François Ier; ces fleurs sont d'une structure extrêmement légère, et sur un fond presque toujours jaune d'or tranchent brillamment des macules, des ponctuations, des zébrures de diverses couleurs dont l'incroyable variété défie de trouver deux plantes vraiment identiques.

Ces fleurs sont grandes dans la Calcéolaire herbacée, plus petites mais plus nombreuses dans la Calcéolaire ligneuse ou la Calcéolaire vivace hybride; elles sont toutes jolies à ravir, qu'elles soient unicolores ou ponctuées et, avec l'attrait que présente à notre esprit leur forme si bizarre, elles nous donnent encore des couleurs brillantes et un port élégant.

Comme toutes les plantes qui peuvent et doivent se reproduire par le semis de leurs graines, les Calcéolaires ont varié à l'infini, et nous pouvons hardiment dire que c'est aujourd'hui une plante essentiellement horticole et dans laquelle il serait bien difficile de reconnaître un type botanique quelconque.

Sous l'influence d'une longue culture, du changement d'habitat, de profondes modifications ébranlent presque toujours la fixité spécifique d'une plante; ces changements sont encore plus remarquables si un pollen étranger intervient pour la fécondation. Petit à petit, alors, la sélection aidant, les spécialistes créent, pour ainsi dire, des races, des variétés fixées dont les caractères sont nets, tranchés, tels qu'on les a voulus; ces plantes ont été aussi nanifiées, et les races naines surpassent peut-être en beauté leurs aînées.

La Cinéraire a, comme la Calcéolaire, été si fortement changée par une culture suivie, qu'il est presque impossible de reconnaître en elle le ou les types dont elle paraît dérivée; on lui attribue, de même qu'à la Calcéolaire herbacée, une origine hybride que rien ne peut confirmer aujourd'hui.

A l'ampleur et à l'abondance du feuillage, la Cinéraire joint une beauté de formes florales et de coloris que peu de plantes peuvent dépasser ou même atteindre; les fleurs sont abondantes et se tiennent bien, des coloris vifs ou pâles, sombres ou clairs, ornent les capitules qui sont eux-mêmes unicolores, bicolores ou tricolores.

Le bleu, le rouge, le violet, avec toutes leurs nuances, affectent des formes unicolores alors que, parfois, les couleurs précitées s'associent avec le blanc dans une proportion plus ou moins forte et forment alors un joli contraste, surtout chez les teintes vives. Parfois aussi, le blanc qui occupe toujours la partie la plus près du centre de la fleur, se développe davantage que la couleur qui lui est associée, et peut même arriver à envahir toute la surface de celle-ci et former alors une plante à fleurs entièrement blanches.

La duplicature est venue apporter à cette plante un nouvel élément de beauté et d'originalité, et, en lui ôtant une partie de l'éclat des variétés à fleurs simples, lui a donné, par contre, une plus longue durée dont tout le monde reconnaît le mérite.

Aux larges fleurs simples, montrant élégamment leurs formes et leurs splendides couleurs, les fleurs doubles opposent des pompons sphériques très jolis en leur genre et ornés d'une diversité de nuances plus grande que chez la C. simple, surtout en teintes pâles ou fausses; dans certains cas, la disposition irrégulière des ligules laisse voir leur couleur inférieure parfois distincte de la supérieure, et l'ensemble produit l'effet d'une fleur panachée dont la bizarrerie n'est pas sans charmes. La Cinéraire simple, à fleur striée, a été trouvée tout récemment, et un bel avenir horticole lui est probablement réservé.

Le *Coleus* a pour lui le feuillage, et tout le monde sait quelle merveilleuse diversité de coloris et de formes de panachures se rencontrent sur ses feuilles. La description ne peut presque jamais rendre l'agencement curieux des couleurs sur le limbe, le contraste qui en résulte, et l'effet heureux que l'ensemble produit à la vue. Quelquefois sablées, marginées, traversées de bandes ou maculées de taches irrégulières, les feuilles ont les bords entiers, ou laciniés, ou frangés, et le limbe est lui-même plan ou gaufré. C'est une plante superbe dans toute l'acception du mot; mais comme les *Caladium* du Brésil, les *Begonia rex*, elle paraît trop artificielle aux yeux du vulgaire; celui-ci a peine à croire, en voyant ces innombrables dispositions de couleurs et ces nombreuses teintes, que ce soit là un végétal naturel. Après avoir été la plante favorite de tous hier encore, si aujourd'hui on reproche au *Coleus* que la nature s'est montrée envers lui trop prodigue en couleurs, et que la fantaisie s'est trop plue à le décorer à son goût, il n'en reste pas moins, comme facilité de culture, une des plantes à feuillage coloré les plus remarquables, que tout amateur devrait posséder, sans souci de la mode et de l'opinion des gens. L'Héliotrope, qui a si longtemps été cultivé pour la seule odeur de ses fleurs, est transformé aujourd'hui en une plante vraiment ornementale, géante dans les Héliotropes de Lemoine, de Nancy, naine dans ceux de Bruant, de Poitiers, et où la luxuriance de la floraison est rehaussée par l'ampleur remarquable des corymbes dont les couleurs varient maintenant du blanc au violet foncé, en passant par toutes les teintes du bleu et du mauve.

Les Héliotropes de M. Bruant sont sans rivaux comme plantes de corbeilles et pour la culture en pots, et fleurissent aussi bien l'hiver en serre froide que l'été dans les jardins; ceux de M. Lemoine sont des plantes de haute taille, aptes à faire des arbustes capités. M. Gerbaux, de Nancy, a obtenu l'H. à grandes fleurs doubles. Il y a loin, aujourd'hui, du modeste Héliotrope type, aux races cultivées actuellement. C'est toujours la plante estimée pour son odeur suave, et que tout le monde veut posséder sur sa fenêtre, dans son appartement ou son jardin.

Peut-être encore plus que les plantes précitées, la Primevère de la Chine doit sa vogue, non seulement à sa beauté, mais aussi au mérite qu'elle a de fleurir dans la saison où il n'y a pas de fleurs, et de continuer sa floraison pendant très longtemps.

C'est la plante de tout le monde; elle décore aussi bien la mansarde que les plus brillants salons; c'est bien la fleur qui,

En ma chambrette, au temps morose
Lorsque le soleil s'est enfui,
Que le jour blafard dépose
Sur tout un immense ennui,

Comme un rire, ton ombelle rose
Vient égayer mon logis;
Aussi, quand mon regard se pose
Sur ton bouquet épanoui,

Je crois voir, fleur hivernale
A la couleur tendre et pâle,
Sœur du *coucou* des champs .

— Un vestige de l'automne morte,
— Un don que l'hiver apporte
— Ou le retour du printemps !

J. R.

A l'élégance du feuillage et du port se joint la beauté des fleurs, dont les formes amples et régulières, les coloris vifs ou pâles, en font une des plus jolies plantes pour décorations.

La culture a tellement changé le type primitif qu'il paraît étonnant que ce soit de lui qu'ont été obtenues les magnifiques races créées de nos jours ; le feuillage s'est amplifié, les corolles sont devenues entièrement rondes et grandes ; les coloris ont augmenté ; la duplicature même, en rendant les fleurs doubles plus durables que les simples, leur a donné un cachet particulier de beauté. Quelquefois le feuillage affecte des formes de feuilles de fougère et les fleurs doubles celles de fleurs d'œillet.

Depuis quelques années d'autres espèces de Primevères sont venues orner nos serres ; nous voulons parler de la P. obconique (*Primula obconica*), de la P. de Forbes (*Primula Forbesii*) et de la P. floribonde (*Primula floribunda*).

La Primevère obconique type a des fleurs petites, blanc carné, et ne se recommande que par son excessive floribondité ; mais la race à grande fleur, obtenue par une sélection continue et sévère, tout en étant aussi florifère que le type, possède des fleurs beaucoup plus grandes, mieux faites, se dégageant bien au-dessus du feuillage. La couleur primitive commence déjà à varier et la sorte à fleur blanche a été obtenue tout récemment. Cette Primevère est très recommandable sous tous les rapports, car elle est plus rustique que la P. de Chine, elle fleurit davantage et plus longtemps que celle-ci et peut-être plus tard, dans longtemps alors, lui sera-t-elle une rivale sérieuse !

La Primevère de Forbes est mignonne dans toutes ses parties ; d'un petit feuillage vert blond il sort des tiges longues et grêles, flexibles et portant plusieurs verticilles de nombreuses petites fleurs rose tendre. C'est une espèce jolie et gracieuse et dont le principal mérite réside dans une floraison presque perpétuelle. La Primevère floribonde est réduite dans toutes ses parties ; ses qualités existent dans sa floraison constante comme celle de la P. de Forbes, et dans la couleur jaune vif de ses fleurs petites et abondantes. De longues années de recherches, des sélections sans cesse renouvelées, des fixations de coloris parfois rebelles au commencement, des fécondations raisonnées, ont fait de ces végétaux ce qu'ils sont de nos jours : les plus brillants ornements de nos serres froides et de nos appartements.

Et nous répétons ce que nous avons déjà dit à l'entrée de ce chapitre : que ces plantes seront toujours en faveur, car, outre leurs mérites respectifs, elles possèdent cette qualité qui prévaut chez le grand public, elles flattent et attirent la vue.

CALCÉOLAIRES (1)

Caractères botaniques.— Les Calcéolaires (*Calceolaria* FEUILL. ; L.) appartiennent à la famille des Scrofulariacées, où elles forment une série spéciale des Calcéolariées. Leur nom vient de la forme particulière de leurs fleurs (*calceolus*, petit sabot). Ce sont des fleurs hermaphrodites, irrégulières, à réceptacle presque plan ou concave, en forme de coupe peu profonde et évasée, portant sur ses bords le périanthe, et enchâssant l'ovaire dans sa concavité. Le calice est à 4, plus rarement 3 sépales, à préfloraison d'abord imbriquée, puis valvaire, hypogynes ou légèrement périgynes, suivant la forme du réceptacle. La corolle, subglobuleuse dans l'ensemble, a un tube très court et un limbe séparé en 2 lèvres, en forme de sabot, l'une petite et postérieure, recouvrant l'autre, dans la préfloraison. L'androcée, supporté par la base de la corolle, se compose de 2 étamines latérales dont le filet court, dressé, supporte une anthère basifixe, à deux loges latérales, introrses ou déhiscentes par leur côté, l'une de ces loges avorte parfois plus ou moins complètement ; une troisième étamine postérieure, stérile, affecte assez souvent la forme d'un staminode. L'ovaire, semi-infère, renferme deux loges multiovulées, à placenta central ; il se trouve surmonté d'un style à extrémité stigmatifère indivise. Au point où il devient libre, l'ovaire

(1) M. Heim a bien voulu rédiger pour notre ouvrage les notices botaniques et nous laisser user de ses dessins analytiques.

est entouré d'un disque circulaire, formé par une élévation glanduleuse du réceptacle, d'épaisseur médiocre. Le fruit est une capsule septicide, à valves souvent bifides; infléchies sur les bords, ces valves se séparent finalement des placentas, qui restent chargés de petites graines striées, contenant un embryon plongé dans un albumen.

Les Calcéolaires sont des herbes (certains représentants du genre, cultivés chez nous, atteignent les dimensions de sous-arbrisseaux), dont les espèces, au nombre de plus de 100, sont originaires de l'Amérique méridionale et occidentale, surtout du Chili et de la Cordilière des Andes; quelques rares espèces sont originaires de la Nouvelle-Zélande.

Ce sont des plantes annuelles, bisannuelles ou vivaces, à tige dressée, rameuse, à feuilles opposées, plus rarement verticillées ou alternes, parfois sessiles, amplexicaules.

Les fleurs sont pédicellées, sans bractées, rarement solitaires et axillaires, d'ordinaire groupées en grappes terminales, d'apparence souvent corymbiformes, composées, se résolvant finalement en cymes.

Les espèces primitives de Calcéolaires, susceptibles d'intéresser l'horticulteur, sont en nombre assez restreint.

Calceolaria alba, originaire du Chili, a des fleurs presque sphériques, d'un blanc de neige. C'est une espèce frutescente et vivace. Il en est de même de *C. violacea*, de l'île de Chiloé, à fleurs lilas violacé, d'une forme bizarre. On trouve parfois cultivées dans les jardins les *C. plantaginea*, *tetragona*, espèces dont les fleurs sont jaunes ou jaune brun, maculées ou ponctuées de pourpre sur la lèvre inférieure. Les *C. corymbosa* Ruiz et Pav., *crenatiflora* Cav., *arachnoïdea* GRAHAM à fleurs de même teinte, ont, depuis longtemps disparu des collections courantes. (Voir plus loin la description). Ces espèces présenteraient un intérêt spécial pour l'horticulture, car on s'accorde (sans preuves suffisantes d'ailleurs), presque unanimement, à les considérer comme les types qui auraient donné naissance, par hybridation, à ce type si polymorphe, si mal défini, à innombrables variétés, dit *C. hybride*, (pour d'autres *C. Youngii*) presque seul cultivé couramment aujourd'hui.

C. integrifolia MURR. (*Syn. C. mollissima* WALP., *C. angustifolia* SWEET, *C. ferruginea* COLLA, *C. ferruginosa* KUNZE, *C. rugosa* RUIZ et PAV, *C. salviæfolia* PERS.) du Chili, est le type des Calcéloaires ligneuses.

1re SECTION : Calcéolaires herbacées.

1re Division — Races grandes (hauteur 50 à 60 centimètres).

I. Calcéolaire herbacée. C. hybride. C. tigrée.

Noms latins : *Calceolaria herbacea Hort.* — *C. Youngii hybrida Hort.* Chili. Annuelle, rarement bisannuelle ou vivace en serre. Feuilles radicales pétiolées, largement obovales et disposées en rosette, celles caulinaires sessiles, plus ou moins pubescentes-velues. Tiges dressées et rameuses, hautes d'environ 50 à 60 centimètres. Fleurs nombreuses disposées en vaste panicule ; corolle grande, irrégulière et curieuse, à deux divisions ; la supérieure plus courte que le calice, l'inférieure pendante, arrondie et formant une large poche gonflée, ondulée sur les bords ; fond jaune plus ou moins foncé, parfois presque blanc crémeux, ponctué, tigré, sablé, lavé ou zébré, ou ombré de pourpre, de carmin ou de rougeâtre de différentes intensités de coloris. Floraison de mai en juillet.

Calcéolaire herbacée **Le Vésuve**. Hort. Vilm.

Mise au commerce en 1891, cette variété unicolore, haute de 30 à 40 centimètres, se recommande par son coloris intense, d'un rouge ponceau éclatant; les fleurs sont plutôt moyennes, bien faites, nombreuses et serrées, caractères qui rapprochent cette plante des C. anglaises.

Les fleurs, à la lumière surtout, ont un éclat incomparable.

Fig. 1. — Calcéolaire herbacée (hybride).

II. **Calcéolaire hybride anglaise.**

Caractères généraux de la précédente.

Les différences particulières qui distinguent cette race sont des fleurs un peu plus petites, plus rondes, plus élégantes peut-être que les autres, et de formes de dessins aussi variés, rouges ou rougeâtres sur un fond jaune.

La Calcéolaire hybride est trop connue et appréciée pour qu'il soit utile de décrire sa beauté et ses mérites ; à l'élégance de l'ensemble elle joint une beauté originale de fleurs peu commune et une diversité de dispositions de couleurs que l'on ne

Fig. 2. — Calcéolaire herbacée (hybride).

rencontre que très rarement, si ce n'est chez les Mimulus.

Une Calcéolaire, pour être belle, doit présenter les caractères suivants : un feuillage étoffé, des tiges droites, s'élançant bien au-dessus des feuilles et arrivant à la même hauteur ; les fleurs doivent se présenter bien à la vue, être nombreuses et rapprochées sans, pour cela, paraître trop serrées les unes contre les autres, former une panicule élégante ; il faut qu'elles soient grandes, arrondies le mieux possible, amples, et sur un fond jaune ou d'une autre teinte, elles doivent présenter, par une autre couleur, toutes les formes de dessins caractéristiques de ces plantes et la réunion des deux couleurs produire un contraste net, bien tranché.

Les teintes fondues sont moins belles et moins recherchées que les nuances vives.

Fig. 3. — Fleurs isolées.

La Calcéolaire hybride anglaise, à part les caractères généraux de la végétation, doit porter des fleurs plus nombreuses et plus petites que dans notre race, parfaitement rondes, à fond jaune maculé de rouge. Ce sont des plantes très distinctes et très jolies, que la régulière conformation des fleurs fait paraître plus gracieuses que les précédentes.

2e Division. — Races naines (hauteur 30 à 35 centimètres).

I. Calcéolaire herbacée (hybride) naine.

Caractères végétaux semblables à ceux des races précédentes. Plantes atteignant de 30 à 35 centimètres de hauteur, à port trapu et compact; fleurs nombreuses formant un bouquet ample et régulier, très grandes et de coloris excessivement variés. Nous avons mesuré de ces fleurs dont la plus grande largeur dépassait 5 à 6 centimètres de diamètre.

Fig. 4. — Calcéolaire herbacée (hybride). Race anglaise.

C'est là une race méritante sous tous les rapports et peut-être, avec la suivante, les deux plus belles de cette section.

II. Calcéolaire herbacée (hybride) anglaise naine. Caractères végétaux semblables à ceux des races précédentes. Fleurs plus nombreuses, plus petites, plus rondes et plus régulières de forme que dans la race ci-dessus. Coloris très variés, fond jaune moucheté de rouge. La Calcéolaire naine à grande fleur est aussi méritante par sa taille plus réduite, ne nécessitant pas de tuteurs, que par l'extraordinaire grandeur des fleurs ainsi que par leur beauté. D'un emploi plus facile que les races grandes, elle peut leur être préférée en maintes circonstances.

Aux qualités générales exigibles chez les autres races, celle-ci doit joindre un port bien compact; les tiges courtes et égales porter une panicule ample, régulière et serrée de fleurs très grandes, et

Fig. 5. — Calcéolaire herbacée (hybride) naine.

l'ensemble doit former un bouquet tout fait, entouré à sa base par le feuillage.

Il en est de même de la C. hybride Anglaise naine, dont les fleurs, semblables comme grandeur de formes et couleurs à celles de sa sœur ainée des races grandes, sont portées par des tiges naines et forment alors de charmantes potées.

Les Calcéolaires herbacées *naines* sont autant à recommander comme plantes de marché que pour collections d'amateurs. Moins élancées que les autres et se tenant mieux, tout en ayant des fleurs aussi belles, elles sont certainement aptes à plus de services que les *grandes* et nous ne pourrons jamais les conseiller assez à toutes les personnes qui cultivent des Calcéolaires herbacées. L'origine des magnifiques variétés de ces plantes que nous possédons aujourd'hui est très obscure, et nous ne pouvons citer que cette opinion générale qui les fait dériver, par croisement, des *C. corymbosa* RUIZ. *et* PAV. ; *C. crenatiflora* CAV. ; *et C. arachnoidea* GRAHAM espèces depuis longtemps perdues dans les collections.

Adoptée par les uns, rejetée par les autres, cette hypothèse laisse subsister beaucoup de doutes, surtout si on songe combien cette plante est variable dans ses formes et ses coloris.

Est-ce seulement un hybride ? pourquoi pas, peut-être, une véritable espèce essentiellement variable, comme il existe d'ailleurs des précédents dans la famille des Scrofulariacées : les *Salpiglossis*, les *Mimulus*, etc.

Les variétés de Calcéolaires hybrides herbacées sont tellement nombreuses actuellement, et le semis produit chaque année tant de variations nouvelles qu'il est matériellement impossible de cultiver ces végétaux autrement qu'en mélange.

Pour qu'une collection soit belle, les plantes doivent présenter au plus haut degré les caractères décrits plus haut. Une opération délicate et importante est le bon choix des porte-graines, d'où dépend d'ailleurs tout l'avenir d'une collection ; ces choix doivent être faits parmi les plantes les mieux faites à tous les points de vue et possédant des coloris bien tranchés. Mais nous ferons observer, aussi bien aux amateurs qu'aux horticulteurs, qu'il ne suffit pas de prendre comme choix une plante par la seule raison qu'elle plaît ou qu'elle paraît belle à tout le monde. Les personnes compétentes dans ce métier sont seules à même de reconnaître à certains caractères, seulement connus d'elles, si une plante donnera une belle descendance, et après en avoir fait plusieurs fois l'expérience à nos dépens, lorsque nous étions jardinier, nous avons abdiqué cette ambition de vouloir choisir nos porte-graines nous-même, car après quelques générations nos Calcéolaires étaient dégénérées et à renouveler entièrement.

2e SECTION : **Calcéolaires ligneuses.**

I. Calcéolaire ligneuse, Calcéolaire rugueuse.

Noms latins : *Calceolaria integrifolia* MURR. — *C. mollissima* WALP. — *C. angustifolia* SWEET. — *C. ferruginea* COLLA. — *C. ferruginosa* KUNZE. — *C. rugosa* R. *et* PAVON. — *C. salviæfolia* PERS.

Chili. Ligneuse en serre. Arbrisseau rameux de 50 à 80 centimètres de hauteur, pubescent-visqueux. Feuilles opposées ou alternes, ovales-oblongues ou ovales-lancéolées, rétrécies à la base, rugueuses. Fleurs nombreuses, beaucoup plus petites que dans l'espèce précédente, d'un jaune plus ou moins foncé, ou brunes, ou rouges, parfois élégamment ponctuées de couleurs diverses, disposées en bouquets ombelliformes sur des pédoncules dressés, longs de 8 à 10 centimètres; calice visqueux; corolle à la lèvre inférieure contractée à la base, plus longue que le calice.

Floraison de mai-juin en septembre-octobre.

(*Description extraite des Fleurs de pleine terre de MM. Vilmorin-Andrieux et Cie.*)

Calcéolaire ligneuse « **Triomphe de Versailles.** »

Variété naine de 35 à 40 centimètres de hauteur,

à gros bouquets de fleurs nombreuses et petites, d'un beau jaune. Très employée pour la décoration estivale des jardins à cause de la couleur vive de ses fleurs et de sa floribondité.

Calcéolaire ligneuse **La Pluie d'or.** Hort. Vilm.

Obtenue à Verrières et issue de la Calcéolaire Triomphe de Versailles, cette variété en a gardé tous les caractères généraux, mais elle se distingue nettement de sa mère par sa robusticité et une vigueur plus grande, par des ombelles de fleurs plus amples, celles-ci d'un jaune plus vif, plus doré; si on ajoute à cela que la floraison est ininterrompue de mai-juin aux gelées, que la plante se reproduit par le semis, on sera convaincu de la supériorité de la C. la Pluie d'or sur l'ancien Triomphe de Versailles.

Fig. 6. — Calcéolaire ligneuse. C. rugueuse.

La C. ligneuse et ses variétés sont pour l'ornementation des jardins ce que la C. herbacée est pour la décoration des serres. Leur principal mérite réside moins dans la beauté de leurs fleurs, petites, mais pourtant nombreuses, que dans leur nature à pouvoir supporter les intempéries du plein air sous notre climat et dans leur floraison continuelle.

Employées à cet effet, ce sont de plantes très recommandables et qui peuvent trouver une foule d'applications dans la décoration estivale. Les teintes vives doivent être préférées, surtout pour obtenir des contrastes, et les variétés fixées, à fleur jaune : Triomphe de Versailles et la Pluie d'or surtout, sont assez employées annuellement dans tous les jardins où leur couleur éclatante produit un très bel effet, employée avec discernement dans les mélanges de plantes, soit en corbeille, soit en bordure.

II. **Calcéolaire vivace hybride.**

Nom latin : *C. rugosa hybrida Hort.* Race hybride obtenue en 1884 par M. Bourderioux, chef des cultures de la maison Vilmorin, à Verrières, par le croisement de la C. rugueuse β Triomphe de Versailles (mère) et la C. herbacée dite hybride (père). La fécondation entre ces deux plantes distinctes a donné des intermédiaires qui présentent bien, dans leur végétation, les caractères généraux de leurs parents.

Plantes sous-frutescentes, vigoureuses, très ramifiées, dressées et formant de forts buissons, variant de 30 à 50 centimètres de hauteur. Feuilles sessiles, courtement rétrécies de chaque côté à la base, longuement acuminées au sommet, d'un vert sombre, rugueuses, rappelant plutôt comme dimensions celles des Calcéolaires qui avaient servi de pères. Pédoncules raides, dressés, portant de fortes inflorescences de fleurs nombreuses, intermédiaires comme grandeur entre celles des parents ; couleurs excessivement variées, ornées de fines ponctuations.

Depuis l'obtention de cette nouvelle série hybride, des améliorations importantes ont été réalisées chez les plantes. MM. Vilmorin se sont attachés surtout à rechercher ces plantes à fleurs plutôt un

Fig. 7. — Calcéolaire vivace hybride.

peu petites, nombreuses, formant de gros bouquets et se tenant bien ; les coloris sont maintenant si nombreux et si variés, qu'il est impossible de les décrire, et les ponctuations qui existent sur les fleurs sont d'un effet gracieux, surtout lorsqu'elles forment un vif contraste avec la couleur des corolles.

Calcéolaire vivace hybride **rouge brillant**, Hort. Vilm.

Mise au commerce en 1893, cette variété unicolore se recommande par sa floribondité et son coloris intense qui la rendent très décorative.

Des essais de croisements entre la calcéolaire rugueuse ou ses variétés et la C. herbacée, ont été tentés dans plusieurs endroits, et le résultat a toujours été des hybrides intermédiaires entre les parents comme les caractères végétaux, avec plus ou moins de prédominance de l'un ou de l'autre, mais la sélection suivie et sévère pratiquée chez MM. Vilmorin a rendu leur race certainement la plus recommandable et la plus intéressante sous tous les rapports.

La Calcéolaire vivace hybride variée est non seulement une très jolie plante de serre froide, mais elle a encore le mérite de pouvoir être cultivée à l'air libre, en été, dans un endroit abrité, et de fournir une seconde floraison si on a soin de couper les tiges florales à mesure qu'elles défleurissent. Les fleurs sont peu grandes, il est vrai, mais elles se prodiguent en tel nombre et sont de coloris si divers, qu'elles forment, chez les plantes fortes surtout, un ensemble remarquable.

Cette race possède le même avantage que la C. ligneuse de pouvoir se multiplier par le bouturage; en outre, à part qu'elle se reproduit très bien par le semis des graines, nous conseillons fort ce moyen pour obtenir des variétés de premier ordre.

Espèces peu cultivées.

I. Calcéolaire en corymbe.

Nom latin : *Calceolaria corymbosa* R. *et* PAV.

Chili. Vivace et produisant plusieurs tiges annuelles, grêles, longues de 60 à 65 centimètres; feuilles radicales ovales arrondies ou en cœur, les caulinaires amplexicaules; fleurs petites d'un très beau jaune, portées par des pédoncules longs et visqueux. Serre froide.

II. Calcéolaire à feuilles de plantain.

Nom latin : *Calceolaria plantaginea* SMITH. — *C. suberecta* HORT.

Magellan, Bisannuelle, vivace. Feuilles toutes radicales, en rosette, ovales lancéolées ou spatulées, nervées et irrégulièrement crénelées, velues sur les deux faces et un peu épaisses. Hampe de 20 à 30 centimètres terminée par des fleurs d'un jaune foncé, disposées en grappe paniculée. Serre froide.

III. Calcéolaire ponctuée.

Noms latins : *Calceolaria punctata* VAHL — *Jovellana punctata* R. *et* PAV. — *Bœa punctata* PERS.

Chili. Vivace. Feuilles triplement dentées. Fleurs rose violacé. Serre froide.

IV. Calcéolaire violacée.

Nom latin : *Calceolaria violacea* CAV.

Chili. Sous-arbrisseau très rameux, à feuilles petites, nombreuses et persistantes. Fleurs en ombelles terminales, représentant une bouche béante, à deux lèvres presque égales, violet clair, avec une macule jaune au centre de la gorge. Serre froide.

Les espèces que nous avons mentionnées ci-dessus sont aujourd'hui à peu près disparues des cultures; à peine les rencontre-t-on encore chez quelques amateurs ou dans les jardins botaniques.

Ce sont des plantes pourtant jolies, étant bien cultivées, et qui mériteraient au moins une petite place dans la serre froide.

La culture ne diffère pas de celle appliquée aux autres plantes de ce genre ; il faut surtout prendre soin de ne pas mouiller le feuillage en hiver et de ne pas arroser de trop pendant cette saison. La multiplication s'opère : 1° par le semis des graines, pratiqué comme pour les autres espèces ; 2° par le bouturage des bourgeons feuillés qui se développent au pied des espèces vivaces, par celui des rameaux herbacés pour les espèces frutescentes. (Voir ces articles.)

Culture.

Semis, repiquage. — La multiplication des Calcéolaires par le semis est obligatoire pour les races annuelles ; pour les espèces vivaces ou sous-frutescentes, c'est le moyen le plus pratique d'obtenir des plantes vigoureuses et floribondes, et c'est aussi le seul qui donne la chance de trouver des variétés nouvelles plus ou moins remarquables et, par la suite, d'augmenter la richesse et la beauté d'une collection.

On peut semer de juin en septembre, selon que l'on désire obtenir, soit une floraison successive en faisant des semis successifs, soit une plus hâtive ou plus tardive jouissance de ces plantes.

Nous semons généralement au commencement de la deuxième quinzaine de juillet, et voici comment nous procédons : on prépare des terrines à semis, profondes d'environ 5 à 6 centimètres, bien propres ; nous plaçons au fond un lit de tessons lavés, haut de près de 2 centimètres, sur ces tessons est étendue ensuite une couche de terre de bruyère sableuse en mottes grossièrement concassées ; au-dessus et pour finir on étend une autre couche d'environ un centimètre d'épaisseur de terre de bruyère sableuse très finement tamisée, puis on égalise bien la surface qui est foulée ensuite, soit avec une petite batte en bois ou le dessous d'un pot à fleurs. Il faut veiller à ce qu'il existe environ 1 centimètre de vide entre le niveau de la terre et le rebord des terrines. On arrose ensuite avec l'arrosoir à pomme fine ou une seringue de façon à bien tasser la terre.

Lorsque celle-ci est ressuyée on peut effectuer le semis. Il est possible de rendre celui-ci plus facile en mélangeant une certaine quantité de sable sec avec les graines ; dans tous les cas, comme ces dernières sont extrêmement petites, il faut agir avec précaution et plutôt semer *clair* que *dru ;* si les terrines sont rondes on sème par lignes circulaires en commençant par le centre ; si elles sont carrées en commençant par un des côtés.

La graine une fois semée ne doit pas être recouverte, puis on place une feuille de verre sur les terrines. Au préalable, on aura préparé dans le jardin une place qui soit ombragée le plus possible et à l'exposition du nord s'il y a moyen. On peut y placer un coffre de couche pour protéger les terrines contre les accidents de tous genres.

Nous posons celles-ci ainsi semées sur de grands pots renversés dans d'autres grandes terrines pleines d'eau et desquelles ils émergent d'au moins 5 centimètres. De cette façon nous procurons une certaine humidité au semis, en même temps que nous empêchons l'intrusion d'insectes ou d'animaux nuisibles qui détruiraient les jeunes plantes.

L'humidité de la terrine se condense sous forme de gouttelettes d'eau, à l'intérieur de la feuille de verre, et, lorsque celles-ci sont assez fortes, elles tombent sur la terre du semis et y tiennent lieu d'arrosement ; toutefois nous conseillons de bien surveiller le degré d'humidité de la terre et d'avoir plutôt recours à un arrosement régulier et d'essuyer au moins tous les deux jours la buée produite sous le verre.

Si on est obligé de mouiller le semis il faut le faire par *capillarité*, c'est-à-dire plonger la terrine dans l'eau presque jusqu'au bord et attendre que le liquide ait monté, *par le dessous*, à la surface de la terre ; on retire alors la terrine.

C'est un moyen sûr de ne pas déranger les graines occupées à germer, qui en même temps a l'avantage de mouiller à fond et d'épargner des arrosements nombreux par la suite.

La levée des graines s'opère généralement au bout de 8 à 10 jours et peut se continuer pendant un certain temps. Lorsque les jeunes plants apparaissent nettement il faut aérer vers le milieu de la journée, pendant quelques heures, en soulevant la feuille de verre avec un petit caillou ou un morceau de bois.

L'aération doit être plus grande à mesure que les plantes prennent de la force et afin qu'elles ne s'étiolent pas.

Certains praticiens, tout en semant de la façon que nous recommandons, emploient divers procédés, pour bassiner ou conserver l'humidité chez le semis. Il en est qui étendent sur les terrines une feuille de mince papier buvard percée de petits trous et qu'ils mouillent lorsque le besoin s'en fait sentir ; ils visitent le semis de temps en temps pour voir si les graines lèvent, et, quand cela a lieu, retirent la feuille de papier ; le semis est ensuite placé sous châssis froid, à mi-ombre ; d'autres étendent sur la surface de la terrine une mince couche de mousse hachée très mince, qu'ils enlèvent sitôt les graines levées.

Ces deux procédés ne nous semblent pas du tout nécessaires à la bonne levée des graines qui est très rapide de sa nature chez ces végétaux.

Enfin MM. Vilmorin, dans les *Fleurs de pleine terre* (3e édition, page 194), affirment ce qui suit : « Notre jardinier sème tout simplement dehors, en terre sableuse ou de bruyère, à demi-ombre, se contentant de couvrir son semis d'un panneau vitré posé sur un cadre à quelques centimètres au-dessus du sol, et qu'il recouvre de toiles lorsque le besoin s'en fait sentir. Ce procédé, qu'il emploie aussi pour les Cinéraires, les Primevères de Chine et nombre d'autres plantes délicates, lui réussit à merveille et produit des plants bien plus forts et plus rustiques que ceux obtenus par le semis sur couche ou en pot. »

Lorsque les jeunes plants ont leurs deux premières feuilles, on peut les repiquer une première fois en terrines semblables et préparées de la même façon que pour le semis ; ils doivent être plantés à 2 centimètres les uns des autres en tous sens. Ce repiquage est très minutieux et demande beaucoup d'attention de la part de l'opérateur.

Un bassinage léger est donné aux plantes repiquées, puis les terrines sont placées à l'ombre, sur des pots renversés (pour qu'elles soient le plus près du vitrage possible) et entourées d'un coffre recouvert de panneaux vitrés.

On tient à l'étouffée pendant quelques jours pour faciliter la reprise, puis on aère graduellement à mesure que la végétation se développe. Sitôt que les plants se touchent dans les terrines, il faut leur donner un deuxième repiquage en terrines, à 4 centimètres en tous sens et en terre de bruyère pure et sableuse à laquelle on aura bien mélangé deux dixièmes de bon terreau de couche. Si on ne dispose pas de terrines en assez grand nombre, on peut repiquer en pots, en y mettant plusieurs pieds suivant la grandeur du récipient. Les terrines, entourées d'un coffre, sont placées à *mi-ombre*, dans un endroit abrité des vents, puis couvertes de panneaux comme il est dit pour le premier repiquage.

Il faut veiller attentivement à ne pas arroser mal à propos et choisir plutôt un jour ensoleillé et un temps sec pour cette opération, qui doit être faite au moyen d'une seringue ou d'un arrosoir à pomme très fine.

Après avoir été quelques jours fermés pour la reprise, les châssis doivent être placés sur 4 pots posés à chaque coin, hauts d'environ 8 à 10 centimètres au plus, de telle façon que les plants profitent d'une aération abondante et soutenue. Si le soleil avait encore trop de force et fatiguait les plantes, on peut ombrer légèrement vers le milieu du jour, soit avec de la paille longue ou une toile à larges mailles. Nous recommandons de mouiller pendant les temps arides la surface du sol laissé libre entre et sous les terrines. Il est bon aussi de visiter régulièrement les plantes pour s'assurer s'il n'y a pas de traces de pourriture parmi les feuilles et de veiller à entretenir la propreté la plus minutieuse parmi les terrines. Quand les plantes arrivent à se toucher encore une fois, on procède à l'empotage en godets de 7 centimètres de diamètre ; le compost employé est semblable à celui recommandé pour le second repiquage ; les pots doivent être bien propres, bien drainés et la terre pas trop tassée par l'empotage.

A partir de cette opération qui isole toutes les plantes, il y a lieu de choisir entre l'hivernage des Calcéolaires sous châssis ou en serre froide, 4 à 10° C.; nous opinons pour la culture en serre qui permet de mieux entretenir la propreté nécessaire en hiver et de surveiller l'arrosage plus sûrement. Décrivons d'abord l'hivernage sous châssis :

Après avoir choisi la place du jardin la mieux exposée au soleil et la plus abritée des vents, on dispose sur le sol un ou des coffres pour abriter les plantes l'hiver. Les Calcéolaires sont posées sur des pots renversés de façon qu'elles soient le plus près du vitrage possible ; elles sont placées près à près, mais de manière qu'elles ne se touchent pas par leurs feuilles. Les coffres sont recouverts de châssis que l'on tient fermés jusqu'à ce que les plantes soient reprises, puis on aère largement tant que la température extérieure ne descend pas au-dessous de 9 à 10° C. le jour. Il faut fermer les châssis la nuit. Les Calcéolaires doivent être visitées une fois tous les huit jours, une à une, pour enlever toutes les traces de pourriture qui peuvent se produire ; c'est pendant cette opération que l'on arrose les plantes qui en ont *absolument besoin* et en prenant bien soin de ne pas donner trop d'eau et surtout de ne pas mouiller les feuilles.

Lorsque les froids surviennent on entoure les coffres de fumier long sec, ou de feuilles mortes, jusqu'à la hauteur des panneaux et on couvre ceux-ci avec des paillassons. Si le thermomètre descend au-dessous de 5 à 7°, il faut doubler les couvertures et mettre sur le vitrage des panneaux de forts sacs en toile, bien secs, puis au-dessus les paillassons recouverts eux-mêmes par une couche de paille longue ou de fumier. Il faut donner aux plantes le plus de lumière possible, c'est-à-dire découvrir quand on croit le soleil assez fort pour réchauffer la température de l'intérieur des coffres; s'il fait un temps de neige suivi de gelée il vaut mieux laisser les plantes couvertes et attendre le dégel ou un changement brusque de température qui permette d'aérer un peu et de donner de la lumière.

Par les journées ensoleillées de l'hiver il est bon de procurer le plus d'air possible afin que l'humidité ne se conserve pas sous les châssis et n'occasionne de la pourriture qui détruirait toutes les plantes en peu de temps. Tous les soins se résument donc : à n'arroser que lorsqu'il en est tout à fait besoin ; à entretenir une propreté rigoureuse sur les plantes ; à empêcher la gelée de pénétrer sous les châssis ; à octroyer le plus d'air et de lumière possibles suivant que le temps le permette.

Pendant l'hivernage, les Calcéolaires ont à subir un rempotage en pots de 12 centimètres de diamètre, opération que l'on cherche à faire pendant un temps de dégel ou avant les fortes gelées et qui s'indique lorsque les jeunes plantes sont bien enracinées dans leur godet. (Voir article rempotage.)

Hivernage en serre : l'hivernage des Calcéolaires sous châssis a cet avantage de fournir à un moment donné des plantes toutes faites pour décorer une serre froide entière ; mais il est incontestable que l'on peut obtenir un meilleur résultat par la culture et l'hivernage en serre que par celle sous châssis.

Une serre destinée exclusivement à la culture des Calcéolaires doit remplir certaines conditions indispensables pour obtenir un bon résultat. La meilleure est celle qui peut procurer à ces plantes les trois agents qui leur sont nécessaires : une abondante lumière, une chaleur tempérée et un certain degré d'humidité atmosphérique.

Nos serres à Calcéolaires sont à deux versants, orientées du nord au sud, de façon que chaque versant reçoive une part égale de rayons solaires. Elles sont enterrées à 1 mètre en contre-bas du sol extérieur. La charpente est en bois et les châssis sont mobiles pour l'aération. Un sentier est encadré par 2 tablettes sous lesquelles circulent les tuyaux d'un thermosiphon. Le plancher des tablettes, en tuiles, est couvert d'une couche de sable d'environ 10 à 15 centimètres de hauteur et plus. On peut employer de même des cendres ou du gravier. Deux bassins, destinés l'un à l'eau de pluie provenant des gouttières de la serre, pour les bassinages, l'autre à l'eau de source, pour les arrosements, sont construits, un de chaque côté de la serre et à son extrémité, sous la tablette et au niveau du sentier.

Si on ne dispose pas de serre spéciale il faut placer les Calcéolaires à l'endroit de la serre froide le plus humide, le mieux exposé à la lumière et à l'aération.

Pour revenir à notre culture, disons que les jeunes plantes nouvellement empotées doivent être placées dans la serre, sur des pots et le plus près de la lumière possible ; à ce sujet, nous avons vu employer avec avantage des claies mobiles assez fortes, posées sur des montants qui élevaient les plantes à la hauteur voulue. Il faut donner grand air tant que la température extérieure ne fera pas descendre le thermomètre au-dessous de 8° C. de chaleur. Les soins à venir consistent à visiter les plantes chaque semaine afin de les entretenir très propres ; à maintenir une température régulière le plus possible et variant comme minima entre 4° C. la nuit et 10° C. le jour.

Il faut arroser avec beaucoup de précaution et très parcimonieusement, éviter de mouiller les feuilles, surtout par un temps sombre. Si l'air de la serre était trop humide à une certaine époque il faudrait chauffer et aérer largement pour éviter la pourriture.

Les chevrons de la serre doivent être essuyés chaque matin à l'éponge pour éviter que la buée ne tombe sur les plantes. Quand celles-ci commencent à être gênées dans leur godet,on leur donne un rempotage. (Voir cet article.) Avant de terminer ce chapitre, disons qu'un de nos amis cultive ses Calcéolaires en pleine terre, sous châssis, où il les plante après le deuxième repiquage. Le terrain employé est composé d'un vingtième terreau de couche, un vingtième bonne terre de jardin et le reste terre de bruyère sableuse ; les plantes passent ainsi l'hiver abritées contre la gelée, et, en mars, elles sont levées en mottes empotées en pots d'environ 16 centimètres de diamètre dans le même compost que le sol et placées quelques jours à l'étouffée pour qu'elles reprennent. Nous n'avons pas vu le résultat de cette culture, mais nous avons bonne opinion de ce traitement qui donne vraisemblablement des sujets vigoureux, comme on en obtient avec les Cinéraires et les Primevères de Chine.

Bouturage. — Peu employé pour les Calcéolaires annuelles, le bouturage est d'une pratique courante pour la reproduction des espèces ou races ligneuses et vivaces.

Il a sur le semis l'avantage de conserver intégralement les caractères des variétés, et par suite il est usité pour multiplier les plantes rares ou belles que l'on a intérêt à conserver ; il se pratique en août-septembre, sous cloches ou sous châssis, à froid. Les C. herbacées (hybrides) développent parfois, mais rarement, des bourgeons feuillés à la base de la plante pendant ou après la floraison ; si on tient à conserver une variété il faut couper les tiges florales, la dépoter, rafraîchir un peu la motte, puis planter en pleine terre de bruyère à l'ombre ou à mi-ombre, en mai-juin. Les soins consistent en arrosements suivis en été, et à tenir les plantes propres. En août-septembre on détache les bourgeons feuillés qui se sont développés à la base, et s'ils ne sont pas enracinés naturellement, on les coupe sous une feuille et on les plante en petits godets (l'isolement est avantageux) en terre de bruyère très sableuse ; on bassine légèrement, puis on les enterre à l'ombre, dans un coin du jardin, et on les recouvre d'une cloche. Il faut les visiter souvent et éviter surtout tout excès d'humidité qui produirait la pourriture des feuilles, puis celle des plantes.

Lorsque les boutures sont prises on les empote suivant leur vigueur dans le compost donné aux plantes de semis.

Disons à ce sujet qu'elles ne sont jamais aussi vigoureuses et florifères que ces derniers. On opère de même pour les autres espèces vivaces acaules.

Les Calcéolaires ligneuses, et surtout leurs variétés : Triomphe de Versailles et la Pluie d'or, les C. vivaces hybrides variées, se multiplient très bien par le bouturage de leurs rameaux feuillés, herbacés.

Voici comment nous opérons :

Dans un endroit ombragé, on dispose sur le sol un coffre de couche (à défaut on se sert de quatre planches clouées entre elles), on emplit jusqu'au bord de sable blanc ou jaune ; mélangé si l'on veut à un peu de terre de bruyère fine, puis on tasse bien en piétinant dessus. Les boutures doivent être des branches qui n'ont pas de boutons à fleurs, et elles sont ordinairement très nombreuses sur les parties latérales des rameaux fleuris ainsi que vers le bas des tiges ; on les coupe à 6-7 centimètres, sous un nœud, on enlève les 2 feuilles de la base et les pique dans le sable : puis, après les avoir mouillées on les recouvre d'une cloche qui peut en contenir 60 à 70. Il est rare, vu la saison où l'on procède, que la première mouillure ne soit pas suffisante.

Il faut veiller surtout à la propreté, car la perte d'une bouture entraîne celle des autres, et toute la clochée y passerait si elle n'était visitée à temps ; aussi, plus les boutures ont de lumière, moins la mortalité est à craindre. Lorsque viennent les gelées on entoure le coffre et les cloches avec des feuilles et on recouvre le tout de paillassons, de façon à empêcher la gelée de pénétrer jusqu'au sol. On découvre chaque fois que la température le permet, et les boutures passent ainsi l'hiver ; au mois de mars on les empote en godets de 8 centimètres de diamètre, avec le compost des Calcéolaires et on les tient en serre froide, près du verre et à l'abri d'une trop grande humidité, ou sous châssis froid. Dès que la reprise est assurée, on aère graduellement et quinze jours avant la plantation on les sort et les place à mi-ombre.

Les C. vivaces hybrides sont plus délicates que les autres, par suite de leur origine ; il est donc bon de les soigner avec un peu plus de précautions, nous conseillons même de les bouturer en serre froide, en août-septembre, dans du sable presque pur, sous cloches, et de les traiter comme les C. annuelles (hybrides) dont elles ont gardé la délicatesse des tissus et dont elles réclament aussi les soins et la culture.

Compost, rempotage. — Le meilleur sol pour les Calcéolaires paraît être une terre légère, très humeuse.

Nous employons le compost suivant qui nous donne un bon résultat :

5 dixièmes terre de bruyère sableuse,

3 dixièmes terreau de couche gras,

2 dixièmes terre de jardin saine.

Ce mélange est préparé un an à l'avance et remanié à la pelle au bout de six mois. Avant de s'en servir, on passe la terre au tamis.

Dans le nord de la France et en Belgique, où nous avons cultivé et vu cultiver ces plantes, on se sert de terre de bruyère de Belgique qui n'est que du terreau de feuilles décomposées additionné de sable, et on forme le compost ci-après :

6 dixièmes terre de bruyère de Belgique *neuve* (terreau de feuilles),

3 dixièmes terreau de couche gras,

1 dixième terre franche (plutôt argileuse).

Le compost est aussi préparé à l'avance et le résultat qu'on en obtient est excellent.

En somme, de quelque manière que ce soit, il faut préférer une terre réunissant les conditions d'être légère, perméable, nutritive et bien mélangée : aussi insistons-nous beaucoup sur ce fait que les composts doivent être préparés à l'avance.

Nous avons dit que les jeunes plants de C. ont été, après le deuxième repiquage, plantés en godets de 7 centimètres de diamètre et dans un compost formé de 8 dixièmes terre de bruyère sableuse et 2 dixièmes terreau de couche. Lorsque les racines entourent la motte, il faut procéder au rempotage en pots de 12 centimètres de largeur.

Les récipients employés doivent être propres, surtout à l'intérieur, et le fond de chaque pot posséder un drainage de quelques tessons bien disposés pour faciliter l'écoulement de l'eau. Il faut dépoter les plantes avec précaution afin de ne pas casser les feuilles qui sont très fragiles, faire tomber toute la terre qui n'adhère pas aux racines (la motte ne doit pas être humide ni trop sèche), puis effectuer le rempotage en ne tassant pas trop fort la terre dans les pots. Les plantes qui paraissent maladives ou qui *boudent* sont rempotées dans des pots plus petits, suivant l'état de leurs racines. Une fois rempotées, on replace les C. sur des pots renversés, en serre ou sous châssis et on les arrose légèrement le lendemain.

Un second et dernier rempotage est nécessaire lorsque les racines tapissent leur motte de terre; il se fait en pots de 16 centimètres de diamètre, dans le même compost et de la même façon que le précédent, mais les plantes sont posées à même sur le sol de la tablette qui aura été préalablement mouillé à fond avec l'arrosoir à pomme.

C'est dans ces pots que les plantes fleuriront.

Ces rempotages s'appliquent aux plantes semées d'automne, annuelles, ligneuses ou vivaces et aux boutures faites en serre et enracinées avant l'hiver.

Si on a affaire à de vieux pieds de C. ligneuses ou

vivaces hybrides, relevés à l'automne et hivernés en serre, on observe les mêmes principes en ayant soin de toujours rempoter suivant la vigueur, la santé et la nature des sujets; les pots à employer varient alors de 16 à 25 centimètres de diamètre.

Comme conclusion, ajoutons qu'il vaut mieux rempoter un peu petitement que grandement, et donner des rempotages successifs qui forment des plantes plus trapues, vigoureuses et florifères.

Chaleur, humidité, lumière. — On peut établir la moyenne suivante des degrés de chaleur nécessaires aux Calcéolaires pour végéter :

En hiver 4° à 6° C. la nuit et 10° à 12° C. le jour.

Au printemps 8° à 10° C. la nuit et 15° à 18° C. le jour.

A partir de la moyenne obtenue le jour, on peut commencer à aérer et toujours du côté opposé où donne le soleil sur les versants de la serre et à celui du vent qui fatigue les plantes; il faut naturellement moins donner d'air pendant les jours sombres et humides que ceux où le soleil brille.

Un thermomètre, placé à l'intérieur des coffres des plantes cultivées sous châssis, indique les degrés et règle l'aération.

Au printemps on aère les serres de 8 heures du matin à 6 heures du soir, si la température extérieure est au moins à 12° C. et en ouvrant les châssis des deux côtés pour établir une bonne ventilation.

Un certain degré d'humidité atmosphérique est favorable aux Calcéolaires.

Soigneusement évitée en hiver pour ne pas occasionner de pourriture, on la provoque au printemps, à partir de février-mars, d'abord en donnant des bassinages comme il est dit plus haut, puis en arrosant le sentier de la serre vers le milieu du jour chaque fois que la température est élevée ou que le soleil a de la force.

On doit diminuer les mouillures lorsque les fleurs commencent à s'épanouir.

Les Calcéolaires demandent la plus grande lumière possible ; il faut donc pour cela employer des moyens d'ombrage mobiles et non pas le badigeonnage des vitres à la peinture ou au blanc d'Espagne. Nous nous trouvons très bien de l'emploi de claies en roseaux prenant environ la moitié de la lumière et qui sont déroulées sur la terre ou les châssis, à partir du moment où l'on voit que les plantes se fatiguent à l'ardeur des rayons solaires, ce qui arrive généralement en mars. Elles sont enlevées sitôt que le soleil n'a plus de force d'un côté et vers 4 heures du soir du versant frappé par les rayons l'après-midi. Il est probable que l'on pourrait obtenir un bon résultat en se servant de toile d'emballage qui tamiserait finement la lumière.

Arrosements, bassinages, engrais. — La question des arrosements est l'une des plus importantes de cette culture et à laquelle le jardinier doit accorder toute son attention. Lorsque les plantes sont repiquées en terrines, il faut d'autant moins mouiller qu'elles sont jaunes ou faibles ou que la végétation ne s'accélère pas ; plantées en godets, les arrosements doivent être modérés avant que les plantes ne soient reprises dans leur pot. Il en est de même après chaque rempotage, surtout si des sujets paraissent chlorotiques ou ne poussent pas ; mais c'est surtout aux sujets hivernés sous châssis qu'il convient d'accorder tous ses soins pour les mouillures.

Il faut choisir un temps sec et une journée ensoleillée autant que possible, vers le milieu du jour; on dépanneaute, puis on visite une à une les Calcéolaires en y enlevant les feuilles tachées ou présentant un commencement de pourriture; avec le doigt on juge du degré d'humidité de la terre : si celle-ci est sèche on arrose avec un arrosoir à fin goulot, et en prenant soin de soulever les feuilles afin qu'elles ne soient pas mouillées.

On agit de même pour les Calcéolaires cultivées en serre.

En général, il faut arroser très peu pendant l'hiver, surtout sous châssis. Lorsque les plantes sont rempotées la seconde fois et que la végétation se développe avec les journées plus longues, l'élévation de la température et le soleil, on arrose de façon à entretenir la terre *moite* sans être trop humide; mais, vers cette époque, il faut d'autant moins arroser les plantes au pied que les bassinages sur les feuilles seront plus abondants.

En effet, mais seulement les journées où il y a du soleil, à partir de mars, on bassine les Calcéolaires avec une seringue ou un arrosoir à pomme fine qui mouille toutes les feuilles. On répète chaque fois que le temps le permet. Ces bassinages, qui ne doivent être faits qu'avec de l'eau de pluie à la température de la serre, servent à faire acquérir aux feuilles des Calcéolaires herbacées une ampleur extraordinaire en même temps qu'ils favorisent étonnamment la vigueur de la végétation.

Il faut les cesser dès que les premières fleurs commencent à paraître.

Les Calcéolaires supportent un peu l'engrais, à condition qu'il soit donné à dose assez faible, et surtout progressivement.

On l'applique après que les plantes sont reprises dans leur second rempotage.

La bouse de vache délayée dans de l'eau à la dose de 1 litre pour 10 litres d'eau, et petit à petit jusqu'à 1 litre pour 6 litres d'eau, sert à donner un peu plus de vigueur aux plantes et à les faire reverdir.

A dose égale, l'engrais humain est plus actif et doit être employé avec plus de précaution.

Les superphosphates d'os mélangés à la terre des rempotages exercent une faible influence sur les plantes.

Le sang desséché, le guano sont plus actifs et peuvent être essayés avec beaucoup de succès.

Le sulfate de fer, à la dose de 2 grammes par litre d'eau, sert plutôt à faire reverdir les plantes et doit être employé, concurremment avec le nitrate de soude, à faire disparaître la chlorose. Des expériences sont encore à tenter, surtout en ce qui concerne l'application des engrais chimiques.

On arrose à l'engrais une fois puis deux fois par semaine.

En vérité, l'engrais ne fait pas sur ces plantes l'effet qu'il produit sur d'autres, la Cinéraire, par exemple, et des fois nous avons vu des Calcéolaires traitées à l'engrais, ne pas être aussi belles que d'autres qui ne l'avaient pas été.

Maladies, insectes nuisibles. — La *chlorose*, c'est-à-dire le jaunissement des feuilles, qui se produit assez fréquemment chez les Calcéolaires, surtout lorsqu'elles sont mal cultivées, peut être facilement combattue par l'emploi du nitrate de soude qui, on le sait, a la propriété de faire reverdir les plantes.

Lorsque le cas se présente, nous éparpillons sur la terre du pot des plantes chlorotiques une petite quantité de ce sel dont l'action se fait sentir quand les plantes sont arrosées.

On peut encore employer le sulfate de fer dissous dans l'eau, qui donne à peu près le même résultat; la suie, délayée dans de l'eau, doit produire, à notre avis, un effet identique.

Depuis quelques années un ennemi redoutable cause d'irréparables dégâts chez les Calcéolaires. Du jour au lendemain, chez des plantes bien saines, des taches noires apparaissent sur les tiges, à certains endroits, ou à la base des feuilles; chaque partie attaquée ainsi est perdue et tombe comme pourrie; ces taches sont produites par des filaments blanchâtres, comme des toiles d'araignée, qui se montrent par place, se propagent partout et sur tout et peuvent détruire en quelque temps une serre entière de ces plantes.

Nous croyons voir là une forme de la TOILE, qui est si fréquente dans les serres à multiplication, où, parfois, en une nuit, elle coupe rez-terre toutes les boutures.

Cette maladie est produite par un champignon parasite, le *Botrytis cinerea*, croit-on, contre lequel, malheureusement, il n'existe aucun remède préventif ou curatif vraiment efficace.

Beaucoup de choses ont été préconisées pour combattre ce champignon, mais rien ne peut être recommandé sérieusement jusqu'à ce jour. Il est, en effet, difficile à trouver une substance quelconque, corrosive pour ces champignons et qui ne le soit pas pour ces plantes dont les tissus sont si délicats ; d'autre part, tous les remèdes préventifs connus sont presque entièrement inefficaces, surtout si la maladie est bien développée.

On a recommandé comme traitement cuprique la bouillie au saccharate de cuivre, à la dose de 3 à 4 0/0, qui donne, paraît-il, quelques résultats, mais qui a, par contre, l'inconvénient de tacher les feuilles.

Nous recommandons aussi l'emploi de la fleur de soufre jetée sur le sable de la tablette, la terre des pots, partout où la maladie peut apparaître. Nous avons obtenu de cette facon quelques résultats à moitié bons; mais nous répétons encore une fois qu'il vaut mieux faire cet épandage de soufre avant que la toile apparaisse et commence ses ravages. Lorsque le mal est déjà grand il n'est plus qu'un seul moyen radical, c'est de supprimer les plantes trop fortement contaminées et de changer de serre, si c'est possible, ou mettre sous châssis celles qui sont encore saines et qui auront dû être visitées sévèrement. La serre où la maladie s'est produite devra rester ouverte de tous les côtés et au plein soleil ; en été il faut renouveler le sable ou gravier des tablettes, badigeonner les murs à la chaux ; de plus, les pots de Calcéolaires qui devront servir au rempotage se trouveront bien d'être plongés dans une solution de sulfate de cuivre, à raison de 2 kilogrammes pour 100 litres d'eau. Nous avons réussi à moitié de préserver de perte totale les plantes un peu malades, en les exposant en plein air, à mi-ombre, et en les arrosant très peu; la maladie restait parfois stationnaire.

Comme tous les végétaux à feuillage mou, ample et visqueux, les Calcéolaires sont sujettes à être envahies par le puceron dont on se débarrasse d'ailleurs assez facilement en produisant des fumigations, le soir, dans les locaux affectés et fermés hermétiquement pour cette opération.

Dans un réchaud quelconque on allume soit un feu de braise ou de charbon de bois ; lorsqu'il est bien vif, on étend dessus une couche plus ou moins épaisse de tabac (déchets de feuilles ou de côtes) et assez humide pour donner le plus de fumée possible. De cette façon on parvient presque sûrement à éliminer les pucerons sur les plantes. Il est bon de faire plusieurs fumigations, à quelque temps d'intervalle, même comme remède préventif ; en tous cas, on recommence sitôt que le besoin s'en fait de nouveau sentir.

Soins généraux, emplois. — Nous voulons parler ici de ces quelques petits soins que tout jardinier ou amateur intelligent ne manque jamais de prodiguer aux plantes qu'il cultive.

Les Calcéolaires doivent être manipulées avec beaucoup de précaution, de peur de casser les feuilles qui sont très fragiles et cassantes ; lorsqu'elles font fouillis, chez les C. herbacées, on peut les arranger de façon qu'elles puissent se développer en liberté, tourner les plantes de temps à autre pour qu'elles ne prennent pas de *face*, voir si les racines ne sortent pas du trou de drainage, espacer les plantes de façon à ce qu'elles aient toutes une place suffisante, sans se gêner : tuteurer, s'il en est besoin, quelques tiges qui ne se tiennent pas, veiller à ce que les fleurs se développent bien et ne forment pas *paquet* ; avec un chalumeau de paille on regonfle, en y insufflant de l'air, les corolles qui se sont aplaties pour une cause quelconque ; veiller à ce qu'il ne tombe pas d'eau sur les fleurs, ce qui pourrait les endommager : toutes petites choses peu importantes à première vue et qui sont pourtant nécessaires pour mener une culture vers un bon résultat.

Les Calcéolaires sont jolies, élégantes et curieuses, trois qualités remarquables qui expliquent pourquoi elles sont tant recherchées.

Toutes les espèces et variétés, surtout les races *naines*, sont de premier ordre pour la décoration des appartements où elles se plaisent très bien avec quelques soins ; on peut s'en servir pour décorer les jardinières, les cache-pots, les cheminées, etc. ; elles font aussi bon effet sur les balcons et les fenêtres, surtout les espèces ligneuses qui résistent mieux à la pluie. Les C. herbacées ne sont pas des plantes pouvant être utilisées pour la décoration en plein air, car leurs fleurs sont trop grosses et trop fragiles pour supporter les pluies et les vents. Il faut leur préférer avec raison les C. ligneuses (*C. rugosa*) et les C. vivaces hybrides variées, dont les fleurs petites se tiennent très bien. Ces plantes possèdent en outre le mérite d'avoir une floraison de très longue durée qui les rend aptes à la formation des corbeilles ou des bordures dans les jardins, en compagnie des Pelargoniums zonés, Héliotropes, Bégonias.

Les C. Triomphe de Versailles et la Pluie d'or sont assez connues pour n'avoir pas besoin d'énumérer les emplois qu'elles occupent et les services qu'elles rendent dans l'ornementation estivale. La couleur vive et brillante de leurs fleurs jaune d'or, leur floribondité, font de ces plantes l'ornement obligé pour obtenir des contrastes vigoureux et de beaucoup d'effet. Elles rendent surtout service dans les grands jardins où on les voit de *loin ;* mais ajoutons que leur nombre doit être assez restreint, car autant quelques pieds habilement placés produisent un coup d'œil agréable à la vue, autant un trop grand nombre de ces plantes fatigue les yeux, car le jaune est une couleur qu'il faut savoir employer avec discernement et bon goût pour qu'elle produise tout l'effet qu'elle est susceptible de rendre.

Enfin, disons en terminant que c'est un fait acquis en pratique que les Calcéolaires ne sont pas des plantes à forcer, mais qu'il est possible, au contraire, de retarder la date de leur floraison normale d'environ 15 jours à 3 semaines, en plaçant les plantes dans la partie la plus ombragée et la plus fraîche du jardin, en bâche ou sous châssis aérés largement le jour et la nuit si la température le permet.

CINÉRAIRES

Les Cinéraires (*Cineraria L.*) (étym. *cineres* cendre, à cause de la couleur cendrée des feuilles de beaucoup d'espèces), appartiennent dans la famille des Composées au groupe des Sénécionées, dans la série des Hélianthées. Leurs caractères botaniques les distinguent difficilement du genre *Senecio*, dont on peut les considérer comme section spéciale.

La seule espèce de Cinéraire que nous ayons à considérer ici est la Cinéraire des Canaries ou C. hybride (*Senecio*, *Cineraria*) *cruentus* D. C.; syn. *S hybridus* Hort., *Cineraria cruenta* L'Héri; *C. hybrida* Willd; *C.* à fleurs sanglantes, Séneçon hybride. C'est une plante bisannuelle et vivace dans son pays d'origine; dans nos climats, la portion supérieure de son rhizome émet, à chaque printemps, des bourgeons qui s'épanouissent en rameaux aériens, florifères (les horticulteurs disent qu'elle drageonne du collet), à tige dressée, rameuse, atteignant une hauteur de 50 centimètres souvent plus basse, plus ou moins velue dans toutes ses parties.

Ses feuilles alternes, larges, de forme cordée dans l'ensemble, obtusément lobées, dentées, quelquefois rougeâtres à la face inférieure, sont auriculées à la base; c'est à tort qu'on les dit, en général, pétiolées, elles sont en réalité sessiles, à limbe étalé dès la base en auricules, puis rétréci sous forme de bande mince, décurrent le long de la nervure médiane, finalement étalé.

Les capitules sont disposés en cymes corymbiformes, leurs réceptacles sont faiblement convexes, parsemés de fossettes peu profondes. Les bractées de l'involucre sont de deux sortes : les extérieures courtes, petites, libres, les intérieures beaucoup plus grandes, dressées, collées par leurs bords amincis, légèrement imbriquées, et formant par leur ensemble, une sorte de tube vertical. Les capitules sont hétérogames, radiés, ils ont donc des fleurs de deux sortes : celles du rayon sont ligulées, femelles, au nombre de 10 à 15, à ligule d'un beau pourpre velouté ; celles du disque irrégulières, hermaphrodites, fertiles.

Les fleurs fertiles ont un ovule dressé, un disque épigyne, une corolle régulière, tubuleuse, campanulée, à cinq lobes, des anthères obtuses à la base, entières ; une aigrette de soies grêles, légèrement unie à la base ; un style à deux branches, récurvées dans la fleur âgée, à extrémité stigmatifère, tronquée, légèrement dilatée, finement pénicillée ; dans les fleurs irrégulières du rayon, ces branches sont moins tronquées, plus arrondies au sommet, ordinairement, plus grêles et plus lisses.

Les fruits sont des akènes subcylindriques, comprimés dorsalement (de dehors en dedans), couronnés de l'aigrette qui s'en sépare facilement (les graines du commerce sont des akènes privés d'aigrettes, à surface noirâtre, grenue, parcourue sur toute leur longueur, par des côtes saillantes, en nombre variable ; dans les sillons, qui séparent ces côtes sont implantées, sur une ou deux rangées, de petites éminences coniques, courtes, blanchâtres, à sommet obtus, facilement caduques (beaucoup d'akènes du commerce en sont presque totalement privés).

La question de l'origine des variétés, actuellement cultivées, de Cinéraires n'a jamais été tranchée d'une façon absolue, et tout récemment encore la presse horticole anglaise s'en est occupée.

On croit généralement que le *Senecio hybridus* Hort. d'aujourd'hui descend du *Senecio cruentus* D. C. ; mais ses variétés différant assez de ce type pour que le doute soit permis à cet égard, il est difficile de reconnaître dans cette plante l'ancêtre des races obtenues de nos jours.

Voici ce qu'en dit M. Focke dans ses *Pflanzen Mischlinge* (V. Gardener's Chronicle, 1896) : « Le croisement du *Senecio cruentus* avec le *S. populifolius* a donné naissance aux Cinéraires hybrides de nos jardins. Selon A. Otto, les premiers hybrides étaient : *bicolor*, *cœlestis*, *formosus*, *Hendersoni*, *pulchellus et Waterhouseanus.* « Les îles Canaries sont la patrie des deux espèces types. Par la suite, plusieurs autres espèces des îles Canaries et de Madère, notamment les *S. Tussilaginis* Nees ; *S. Heritieri* D. C.; *S. maderensis* D. C. (syn : *S. auritus* Lowe) *et S. Webbii* Schultz (syn. *Cineraria multiflora*, *Doronicum Webbii D. Bourgæi*), furent croisés avec les hybrides déjà obtenus. Cette espèce mérite une mention spéciale, car il semble que ce soit l'espèce de *Senecio*, la plus rapprochée par ces caractères de nos types horticoles. Elle est originaire des montagnes de la Grande Canarie ; le diamètre relativement considérable de la tige, même jeune, est des plus caractéristiques, les bractées de l'involucre sont parsemées de poils (caractère différentiel d'avec les espèces voisines cultivées); les capitules ont des fleurs du rayon à ligule violette, et des fleurs du disque jaunes ; certains individus présentent des akènes pileux.

De tous les croisements seraient sorties les races actuelles des Cinéraires que nous cultivons, dont les formes et les coloris sont aussi riches que variés.

Mais on voit cette plante varier tellement par la culture, qu'il est permis de se demander si elle ne descend pas d'un seul type spécifique, ébranlé depuis longtemps par la culture continue et le changement de milieu, et devenu, de ce fait, essentiellement variable.

Cinéraires doubles. — Dans nombre de Composées : *Zinnia*, Chrysanthèmes, on voit souvent les fleurs régulières du disque des capitules (fleurons) perdre leur régularité, et devenir ligulées comme celles du rayon (demi-fleurons). On n'a pas vu jusqu'ici de Cinéraires présenter de semblables phénomènes de duplicature. Ce n'est pas une transformation de pièces florales, qui donne naissance aux capitules doubles de Cinéraires, mais un phénomène de prolifération. Le réceptacle du capitule représente un axe aplati, surbaissé : rien donc d'étonnant à ce qu'il puisse, dans certaines conditions, donner insertion à des axes secondaires, comme la tige donne insertion à des rameaux : on se trouve alors en présence d'une véritable ramification du capitule. Dans les Cinéraires doubles, chaque capitule, au lieu de porter des fleurs ligulées à sa périphérie, porte de petits capitules secondaires, sessiles ou brièvement pédonculés ; ces derniers naissent en trop grand nombre à la périphérie du capitule, pour se placer, sans se gêner, mutuellement, sur une seule circonférence : aussi certains d'entre eux empiètent-ils sur le disque, dont les fleurs sont restées normales. L'ensemble de ces petits capitules secondaires donne au capitule, qui a subi cette prolifération, l'aspect d'un pompon plus ou moins sphérique. Les fleurs du disque des capitules secondaires prennent le caractère de fleurs ligulées du rayon (type de la duplicature normale, rappelée ci-dessus, des capitules de Composées).

1re Section : **Cinéraires hybrides.**

1re Division : Races grandes ou moyennes (hauteur 40 à 60 centimètres).

I. **Cinéraire hybride. C. à fleurs sanglantes; Seneçon hybride.** Noms latins : *Cineraria cruenta* L'Hérit. — *C. hybrida* Wild. — *Senecio cruentus* D. C. — *Senecio hybridus* Hort.

Canaries. Bisannuelle et vivace. Tige dressée, rameuse, pouvant atteindre 50 à 60 centimètres de hauteur; feuilles alternes, amples, cordiformes, grossièrement dentées, plus ou moins velues ainsi que toute la plante, quelquefois rougeâtres en dessous, largement pétiolées et auriculées à la base. Fleurs de coloris très variables, légèrement odorantes, en capitules nombreux formant une élégante panicule corymbiforme. L'involucre est composé de 15 à 16 écailles placées sur un seul rang et 10 à 12 demi-fleurons ou plus, ovales, d'un pourpre velouté dans le style, entourent un disque jaune ou purpurin.

Les principales nuances obtenues sont le lilas, le violet, le violet pourpré, le bleu d'azur, le bleu tendre, le bleu indigo, le carmin, le pourpre et le blanc pur.

On appelle bicolores, les variétés dont les pétales (demi-fleurons ou ligules de la circonférence) sont blancs à la base, tandis que l'extrémité est plus ou moins colorée de l'une des teintes sus-nommées; le

Fig. 8. — Cinéraire hybride. Fleurs détachées (demi-grandeur naturelle).

disque, centre de la fleur, qui est composé de petits fleurons ou fleurs parfaites, fertiles, est généralement purpurin ou jaune, parfois bleuâtre ou blanc, et forme alors un contraste agréable avec les autres couleurs de la fleur.

Les principaux caractères exigés pour qu'une Cinéraire soit belle sont les suivants : un beau port, un feuillage ample, abondant, et se tenant bien ; les tiges florales doivent paraître bien au-dessus des feuilles, arriver à la même hauteur et par suite, présenter un corymbe régulier ; les fleurs moyennes et se tenant droites, sans être trop serrées les unes contre les autres, peuvent être unicolores, d'une couleur vive ou tendre, ou bicolores, et, dans ce cas, l'association du blanc avec une autre nuance doit être nettement définie et former un contraste bien tranché. On cherche surtout les couleurs vives, les tons veloutés qui produisent le maximum d'effet décoratif ; néanmoins les nuances pâles ou tendres ne sont pas sans beauté et ajoutent de la variété en atténuant la vivacité de coloris des plantes unicolores.

Fig. 9 — Cinéraire hybride. Port de la plante.

Cette race de Cinéraires est la plus anciennement cultivée, et c'est d'elle que sont sorties toutes les belles plantes que l'on connaît aujourd'hui : les races pyramidale, du Marché, à grandes fleurs, Naine à grandes fleurs, Double, striée à grandes fleurs, etc.

Pour obtenir certains effets décoratifs, l'uniformité de coloris est quelquefois préférable à la variété ; dans ce but on a cherché et on est parvenu à fixer des couleurs très distinctes qui, employées isolément ou en mélange combiné, produisent des effets très heureux.

Nous citerons dans cet ordre d'idées :

Cinéraire hybride **bleu d'azur**. Hort. Vilm.

Variété remarquable par le coloris de ses fleurs. La couleur n'est pas d'une teinte uniforme et présente quelques différences dans le degré de tonalité, mais elle est vraiment d'un bleu superbe et de beaucoup d'effet. Le centre du capitule est bleu foncé. La plante est haute d'environ 50 à 60 centimètres ; les fleurs sont très nombreuses, de moyenne grandeur. Nous avons remarqué que de toutes les Cinéraires, aussi bien à grandes fleurs, naines ou autres, celles à fleurs bleues ont les fleurs les plus nombreuses mais aussi les plus petites, qu'en outre elles sont moins rondes et moins bien faites et que les plantes sont plus tardives à fleurir que toutes les autres variétés à fleurs simples.

Cinéraire hybride **rose carminé**. Hort. Vilm.

Très jolie variété, d'un coloris uniforme, absolument distinct et bien fixé. Les fleurs, réunies en un bouquet compact, sont d'une teinte très fraîche, qui ne se rencontre dans aucune des races actuelles de Cinéraires (Supp. Catal. Vilmorin, 1891).

II. Cinéraire hybride variée, race du Marché. *Hort. Vilm.*

Comme son nom l'indique, cette race a été créée pour les marchés ; on a été amené à choisir des plantes vigoureuses, à port rigide et à coloris vifs et bien tranchés : toutes les qualités exigibles pour faire une *bonne plante*. En somme, c'est là une sélection recommandable aux horticulteurs-fleuristes qui approvisionnent les marchés aux fleurs.

III. Cinéraire hybride pyramidale variée.

Fig. 10. — Cinéraire hybride pyramidale.

Race vigoureuse ; feuillage ample, fleurs très nombreuses, disposées en pyramide élégante, de grandeur moyenne, larges et de coloris très variés et très vifs.

2e Division. — Race naine (hauteur 20 à 25 centimètres).

I. Cinéraire hybride naine.

Race particulière renfermant des plantes trapues ; fleurs en corymbe volumineux et bien régulier ; fleurs moins grandes que dans les variétés grandes ; moins bien faites en général, mais elles dédommagent par leur nombre plus considérable et par leurs corymbes plus volumineux. Cette race paraît avoir disparu aujourd'hui des cultures en cédant la place à la C. hyb. naine à grandes fleurs, plus méritante sous tous les rapports.

2e SECTION : **Cinéraires hybrides à grandes fleurs.**

1re Division. — Races grandes (hauteur 40 à 50 centimètres).

I. Cinéraire hybride à grandes fleurs.

Remarquable amélioration de la C. hybride ordinaire, cette race est recommandable à tous les points de vue et se caractérise par un feuillage abondant et ample, des capitules nombreux formant un corymbe élégant et régulier pouvant atteindre jusqu'à 60 centimètres de diamètre ; les fleurs sont grandes, 6 à 7 centimètres de large et souvent plus, leurs pétales larges, bien arrondis au sommet et ne laissant pas d'intervalle entre eux, donnent une forme parfaite aux capitules et offrent toutes les nuances propres aux Cinéraires unicolores et bicolores.

La Cinéraire à grandes fleurs laisse loin derrière elle les autres Cinéraires, qu'elle surpasse autant en beauté et dimension des fleurs qu'en élégance et bon maintien, et les magnifiques potées qu'elle forme gagnent surtout à être isolées ou bien en vue afin de faire valoir tous leurs mérites décoratifs. Son emploi se trouve dans les grandes garnitures de salon, dans des vases proportionnés, partout où il faut des plantes produisant beaucoup d'effet.

Fig. 11. — Cinéraire hybride à grande fleur.

On a aussi cherché à fixer des coloris dans cette race, et par suite des élections suivies, on est parvenu à établir les variétés suivantes :

C. hybride à **grandes fleurs blanches**. Hort. Vilm. Caractères végétaux de la race. Corymbe régulier et aplati de fleurs très grandes, d'un beau blanc, à cœur (fleurons fertiles du centre) d'un brun violacé foncé, dont la couleur contraste agréablement avec le blanc des pétales. M. Vroid, horticulteur à Langres, a présenté à la dernière exposition de la Société nationale d'horticulture de France (mai 1896) un lot de Cinéraire blanche, demi-naine, à disque jaune pâle et presque blanc, donnant à sa plante un caractère de blancheur complète, que ne possède pas la race actuelle dont le disque est brun-violacé foncé.

Fig. 12. — Cinéraire hybride à grandes fleurs striées variées.

Dans les nombreuses occasions où les décorations entièrement blanches sont de rigueur, cette variété fournit une ressource précieuse comme plante à fleurs blanches.

C. hybride à **grandes fleurs rouges**. Hort. Vilm.

Caractères généraux de la race. Cette variété est un digne pendant à la précédente sous tous les rapports, ses fleurs, très grandes et bien faites, sont d'un rose foncé extrêmement brillant; le cœur est brun violet. Elle est surtout à recommander pour la décoration des soirées, bals, où les fleurs font à la lumière un effet superbe.

II. **Cinéraire hybride à grandes fleurs striées variées.** *Hort. Vilm.*

Race nouvelle très intéressante par les fines stries qui ornent les pétales dans le sens de la longueur ; les fleurs sont plutôt moyennes que grandes, actuellement ; mais la sélection ne tardera pas à perfectionner cette nouveauté qui se reproduit environ dans une proportion de 60 à 70 p. 100 de fleurs striées.

C'est une obtention très remarquable en elle-même, car elle a cet avantage d'ajouter un nouvel ornement qui manquait jusqu'ici dans ce genre à fleurs unicolores ou bicolores.

Néanmoins, l'effet ornemental qu'elle produit est loin d'égaler celui des autres races, et c'est plutôt une plante à être vue de près que de loin, comme d'ailleurs la majorité des fleurs striées des végétaux en culture.

2e **Division**. — Race naine (hauteur 25 à 30 centimètres).

1. **Cinéraire hybride naine à grandes fleurs.**

Cette race remplit tous les *desiderata* comme plante d'appartements. Caractérisée par une hauteur moyenne de 25 à 30 centimètres, elle possède un feuillage abondant et ample et les ramifications nombreuses, arrivant à la même hauteur, forment un magnifique bouquet tout fait, large de plus de 40 centmètres, entouré par le feuillage et d'une tenue parfaite ; les fleurs sont très grandes, surpassant même en diamètre celles de la race grande similaire, et de tous les coloris propres aux Cinéraires unicolores et bicolores. L'aspect général est trapu et compact et l'ensemble produit un effet très ornemental.

Fig. 13. — Cinéraire hybride naine à grandes fleurs.

La C. naine à grandes fleurs devrait certainement être cultivée par tous les horticulteurs et amateurs, car, tout en étant moins encombrante dans les serres que la race grande, elle est au moins aussi belle et peut servir plus utilement à la décoration des appartements, des cheminées de salon, des jardinières, etc.

Il est vraiment regrettable qu'il se trouve encore des horticulteurs ne comprenant pas mieux leurs intérêts en livrant au public toujours les mêmes races, alors qu'ils ont connaissance qu'il existe des plantes plus belles, ne demandant pas plus de soins que les autres et pouvant fournir une rémunération plus grande. Ce n'est pas au public à demander des Cinéraires à grandes fleurs, c'est à l'horticulteur à les lui offrir !

3e Section : Cinéraires hybrides doubles.

I. Cinéraire hybride double.

Hauteur moyenne de 30 à 40 centimètres ; port trapu, compact ; feuillage moyen et se tenant bien. Ramifications nombreuses, arrivant à la même hauteur et formant une tête régulière d'au moins 35 à 40 centimètres de diamètre. Pédoncules raides, portant des capitules nombreux, conformés de telle façon qu'ils affectent une forme presque complètement sphérique dans la plupart des cas. Certains de ces capitules mesurent près de 5 centimètres de diamètre. Coloris nombreux et variés. Dans les unicolores il existe toutes les nuances du rose, du rouge, du lilas et du violet, ainsi que le blanc pur. D'autres teintes, fausses, éteintes ou dégradées, sont très curieuses et ne se rencontrent pas dans les races à fleurs simples. Dans les bicolores, dont on aperçoit bien le fond blanc, le bord des ligules est coloré plus ou moins de l'une des couleurs précitées, et l'agencement de ces ligules donne au capitule l'aspect d'une fleur panachée. Il en est de même de certaines variétés dont la couleur des ligules est différente sur chaque face ; or, comme on aperçoit les deux côtés, par suite de leur bizarre disposition, il en résulte un effet très original.

Nous n'avons pas l'intention de mettre ici au même rang de beauté la Cinéraire à fleurs doubles et celle à fleurs simples ; autant vaudrait comparer la corpulence du Dahlia double à l'élégance native du Dahlia simple. Mais, à notre avis, cette Cinéraire vaut mieux que la réputation qui lui est faite trop souvent.

Dans ses différentes races, la Cinéraire à fleurs simples se remarque par un feuillage presque toujours abondant, des fleurs nombreuses, quelquefois très grandes, ornées de coloris brillants et flattant l'œil, à reflets chatoyants et comme veloutés; la forme arrondie et élégante des fleurs est quelquefois rehaussée par la couleur blanche du centre, qui forme alors un joli contraste. La floraison des capitules est généralement simultanée et dure de trois semaines à un mois en moyenne. Ses qualités sont donc : de l'éclat, une floraison abondante, la beauté des fleurs, un port élégant.

Or, il nous a été donné de voir, il y a quelque temps, dans les cultures de la maison Vilmorin, à Verrières-le-Buisson, une serre de Cinéraires doubles variées, et nous avons trouvé là un nouvel exemple des perfectionnements qu'on peut obtenir par une culture suivie et une sévère et patiente sélection.

Une autre serre était toute garnie de Cinéraires doubles entièrement blanches et dont les nombreux pompons produisaient un effet remarquable.

La couleur de cette variété, bien fixée par le semis, l'indique tout naturellement aux horticulteurs dans les nombreuses occasions où ils emploient les fleurs blanches.

Le facies général de ces plantes est tout différent de celui des autres Cinéraires, et c'est vraiment une race entièrement distincte, aussi bien par ses qualités que par ses caractères végétaux.

La floraison, assez lente, est successive, ce qui donne à la plante un grand mérite parce qu'elle est ainsi plus longtemps belle ; la floraison est plus tardive aussi que celle des races à fleurs simples et peut se conserver en bon état pendant au moins deux mois.

Ses qualités sont donc : bon maintien, beauté des fleurs, étrangeté des formes et des coloris, floraison très soutenue, reproduction par les graines. Que les horticulteurs méditent bien sur les mérites des Cinéraires doubles, et que les amateurs fassent comme eux, ils reviendront vite, après les avoir cultivées,

Fig. 14. — Cinéraire hybride double.

sur cette opinion assez générale qui trouve ces plantes laides.

Sans être rivales des Cinéraires simples pour la beauté et l'élégance en général, elles les surpassent beaucoup par des qualités supérieures que l'on ne devrait pas tant dédaigner.

Obtenue vers 1868 par MM. Haage et Schmidt, d'Erfurt, la Cinéraire double a beaucoup été améliorée, surtout en France, et la gravure ci-dessus, exécutée il y a quelque temps déjà, ne donne plus aujourd'hui qu'une idée imparfaite de la force et de la beauté des capitules qui primitivement avaient 3 centimètres de large et qui maintenant dépassent 5 centimètres de diamètre en affectant une forme presque complètement sphérique.

Ces plantes sont cultivées par quantités énormes pour l'approvisionnement des marchés dont elles sont l'un des plus brillants apports. Le public amateur de fleurs est très engoué des Cinéraires qui lui paraissent d'autant plus belles qu'elles fleurissent au premier printemps. Par une culture intensive on peut en avancer la floraison d'au moins deux mois ; elle devient alors une fleur hivernale qui, avec la Primevère de la Chine, se dispute les premières places dans les appartements. Chaque race ou variété possède des qualités particulières que l'on peut mettre à profit suivant les circonstances : les plantes hautes sont aptes aux grandes décorations, associées aux Fougères, Palmiers, dans les jardins d'hiver, pour les soirées, etc., ou placées dans de grands vases ; les plantes naines, au contraire, sont plus recommandables pour les appartements où l'on est souvent limité comme place.

Les races à grandes fleurs sont de beaucoup supérieures aux autres comme beauté et celle à fleurs doubles comme durée de floraison.

Culture.

Semis, repiquage. — Les Cinéraires peuvent se reproduire par le semis de leurs graines et par le bouturage ou séparation des bourgeons qui naissent généralement au pied des plantes. Le semis, outre l'avantage qu'il a de pouvoir donner des variétés remarquables comme grandeur de fleurs ou coloris, procure toujours des plantes plus vigoureuses et plus floribondes que celles obtenues d'éclats; c'est le moyen le plus pratique et le plus sûr d'avoir de belles Cinéraires, comme c'est aussi le plus répandu, car le bouturage n'est employé que pour la conservation des variétés jugées très méritantes, surtout chez les doubles, dont on désire perpétuer les qualités particulières ou les mérites individuels.

Le semis s'effectue de mai en juillet et la floraison a lieu de janvier en avril suivants. On sème à froid, sous châssis, dans un endroit mi-ombragé, en plein sol ou en terrines, dans de la terre de bruyère légère et sableuse additionée d'environ un cinquième de terreau. Si l'on sème à même le sol, on doit le fouler auparavant avec une batte, semer les graines plutôt clair que dru, puis les recouvrir d'environ un demi-centimètre de terre de bruyère tamisée; on bassine légèrement avec une seringue ou un arrosoir à pomme fine, puis on recouvre de châssis que l'on tient fermés jusqu'à la levée des plantes.

Si on désire semer en terrines (ce mode est préférable, selon nous), on prépare celles-ci de la même façon que s'il s'agissait de semer des Calcéolaires, les graines sont recouvertes comme il est dit plus haut, bassinées, et les terrines posées sur des pots renversés, à l'ombre ou à mi-ombre, puis recouvertes de châssis ou de feuilles de verre. Dans les deux cas la levée est assez rapide (3 semaines environ) si les graines sont de bonne germination, et lorsque celle-ci est ou paraît complète, on commence à donner un peu d'air en soulevant d'abord légèrement puis progressivement les panneaux vitrés ou les feuilles de verre et toujours du côté opposé aux vents si les semis ne s'en trouvent pas abrités entièrement. On doit surveiller attentivement le degré d'humidité de la terre et mouiller plutôt avec modération, lorsque le besoin s'en fait sentir seulement, les jeunes plantes qui craignent beaucoup les excès d'arrosements irraisonnés.

Lorsque les Cinéraires ont leurs deux premières feuilles, on les repique en terrines, à environ 3 centimètres de distance en tous sens, dans un compost formé de mi-partie terre de bruyère pure et mi-partie terreau bien mélangés, ou en plein sol sous châssis, dans un compost analogue. On remet à l'étouffée pendant quelques jours pour faciliter la reprise, puis on aère petit à petit pour éviter l'étiolement des jeunes plantes.

Il va de soi que celles-ci doivent toujours être tenues à mi-ombre et dans un lieu plutôt frais qu'aride. Sitôt que les Cinéraires arrivent à se toucher en terrines ou sous châssis, il est bon de les planter en godets ou à nouveau en pleine terre sous abris, mais dans un sol déjà plus consistant, c'est-à-dire formé de deux cinquièmes terre de bruyère, deux cinquièmes terreau de couche, un cinquième terre franche.

Pour l'empotage des plantes, on se sert de godets ayant environ 7 centimètres de diamètre, que l'on draine bien pour faciliter l'écoulement des eaux d'arrosage; si on préfère cultiver en pleine terre, on plante à environ 15 centimètres d'éloignement, dans le sol ci-dessus et toujours en ayant soin que les plantes se trouvent le *plus près* de la lumière possible. Les arrosements doivent être réguliers et plus ou moins abondants suivant les besoins, de même que les bassinages légers donnés sur les feuilles pendant les journées chaudes. L'aération doit être large et bien soutenue pour éviter l'étiolement des sujets. Si on a empoté en godets, on place ceux-ci sur des pots renversés, près à près, proches de la lumière. Les soins à venir consistent à observer une propreté rigoureuse, à mouiller à propos suivant la végétation plus ou moins vigoureuse des plantes.

Celles cultivées en plein sol, beaucoup plus voraces, ont vite besoin d'être transplantées et replacées dans un terrain neuf formé de terre de bruyère, terreau, terre à blé, par tiers, à une distance de 20 à 25 centimètres dans tous les sens. On laisse reprendre, puis on ventile largement en posant les châssis des coffres sur des pots renversés placés à chaque angle. Lorsqu'il tombe une pluie fine et tiède pendant les journées chaudes de l'été, on se trouve bien de dépanneauter afin que les plantes profitent de l'eau du ciel.

Suivant que le semis a été fait plus ou moins tôt, les plantes seront bonnes à rempoter de meilleure heure, qu'elles aient été élevées en godets ou en pleine terre sous châssis; ces dernières beaucoup plus vigoureuses, parce qu'elles ont eu davantage de nourriture, demandent naturellement des pots plus grands que celles cultivées en pots; néanmoins comme elles souffrent un peu de la transplantation, puisqu'il faut supprimer des racines, nous conseillons de rempoter plutôt *petitement*, quitte à renouveler cette opération une fois de plus pendant la végétation à venir des plantes.

Le rempotage (voir cet article) se fait en automne, plus ou moins tard en saison suivant la force des sujets, puis les Cinéraires sont hivernées en serre ou sous châssis.

Bouturage. — Si l'on possède des variétés remarquables méritant d'avoir leurs qualités perpétuées intégralement, on peut avoir recours à la multiplication par le bouturage ou séparation des bourgeons feuillés qui se développent généralement, parfois rares ou nombreux, au pied des plantes. Les variétés choisies à cet effet doivent être traitées de la façon suivante :

Sitôt que la floraison arrive à son déclin on coupe les tiges à environ 10 centimètres du sol ; la plante doit être dépotée et la motte réduite en lui supprimant le chevelu trop abondant de radicelles qui forment fouillis, ce qui a pour but l'émission de nouvelles racines.

On aura préparé à l'avance une place bien saine dans un endroit mi-ombragé du jardin, en employant soit un coffre d'un ou plusieurs panneaux ou quatre planches clouées entre elles, et que l'on aura rempli environ aux trois quarts du compost propre aux Cinéraires. Celles-ci sont plantées à une distance variant de 25 à 30 centimètres en tous sens, puis arrosées fortement. Tous les soins consistent à tenir le sol frais, exempt de mauvaises herbes, à donner quelques bassinages de temps à autre sur les feuilles ainsi que surveiller s'il n'y a pas de pucerons, ou dans ce cas seringuer avec une solution nicotinée à un dixième.

Renouveler l'opération plusieurs fois, si besoin en est.

En juillet-septembre, on procède à la séparation des bourgeons qui se sont développés. A cet effet, on *lève* les plants dont on secoue la motte, on sépare avec précaution toutes les pousses qui se sont presque toujours enracinées naturellement. Ces éclats sont empotés en godets plus ou moins grands, 7 à 10 centimètres, suivant leur vigueur ou la force des racines qu'ils possèdent, dans le compost préparé comme il est dit pour les plantes de semis. On les place ensuite sous châssis à mi-ombre, à froid, près du vitrage, et après un léger bassinage ils sont tenus à l'étouffée, ombrés, au besoin, jusqu'à ce que la végétation se manifeste et que les racines nouvelles circulent autour des parois de pots. A partir de ce moment, on aère progressivement pour les traiter ensuite comme les plantes venues de graines.

Les boutures qui, par hasard, n'ont pas de racines au moment de la séparation, doivent être piquées en petits godets, en terre de bruyère très sableuse, bassinées légèrement, puis placées sous cloches, à l'ombre, où il faut les surveiller attentivement pour éviter l'excès d'humidité : visite quotidienne, essuyage de la cloche, etc. Après reprise on les traite comme les autres en les rempotant.

Le bouturage peut donner des plantes de belle venue, mais qui ne sont jamais, malgré cela, aussi vigoureuses que celles obtenues au moyen des graines ; par contre, il a le grand mérite sur le dernier mode, de permettre à l'amateur ou à l'horticulteur de conserver ou propager une ou des plantes remarquables à un titre quelconque, chose qu'il est impossible ou presque d'obtenir avec le semis, ces végétaux étant naturellement si variables dans leurs formes et leurs coloris.

C'est à ce point de vue que nous l'avons envisagé et que nous le recommandons aux cultivateurs de ces plantes.

Compost, rempotage. — Les Cinéraires sont des plantes voraces, à végétation vigoureuse exigeant une nourriture substantielle sinon abondante. Il convient donc de leur octroyer un sol humeux, nutritif, possédant en même temps un peu de consistance. Le compost dans lequel elles réussissent très bien est formé d'un mélange par tiers de terre de bruyère (dans le Nord on emploie le terreau de feuilles appelé terre de bruyère de Belgique) plutôt sableuse, terreau de couche gras et terre à blé ou terre de jardin, même un peu forte, le tout bien mélangé. Ce compost doit être fait environ un an à l'avance, et remanié complètement à la pelle au bout de six mois. On doit le passer au crible avant de s'en servir pour qu'il ne reste pas de mottes au moment du rempotage.

Celui-ci s'effectue à la fin de l'automne, lorsque les plantes de semis ou de boutures commencent à être gênées dans leurs pots. Selon la vigueur de celles-ci, on choisit des récipients de 12 à 15 centimètres de diamètre, dont le fond est garni de quelques tessons bien placés pour recouvrir le trou de drainage, puis on empote les Cinéraires après avoir supprimé un peu du chevelu de la motte, s'il se trouve trop abondant; la terre doit être foulée modérément pour arriver à environ un centimètre et demi en dessous du rebord du pot, afin que l'on puisse mouiller convenablement en une seule fois.

Une fois rempotées, on dispose les plantes dans la serre aux Cinéraires qui est l'analogue de celle aux

Calcéolaires, ou dans une autre serre froide quelconque, pourvu que la température s'y maintienne en hiver entre 4° et 10° C. comme minimum de nuit et de jour.

Si on se trouve dans l'obligation d'hiverner les plantes sous châssis, il faut choisir une exposition ensoleillée, au midi si possible, y établir des coffres qui seront entourés de réchauds pendant les froids et y placer les plantes sur des pots, de façon qu'elles soient le plus près du vitrage possible et assez éloignées les unes des autres pour qu'elles ne se touchent pas. Pendant les gelées on doit recouvrir les châssis de paillassons, doublés selon le besoin et recouverts de fumier long, renouveler les réchauds avec du fumier neuf, de façon à chercher par tous les moyens possibles à empêcher la gelée de pénétrer à l'intérieur des châssis, ce qui tuerait les plantes. Il faut, pendant cette saison, veiller à entretenir une propreté rigoureuse chez les Cinéraires, découvrir les paillassons et aérer dès que la température extérieure le permet, afin de chasser l'humidité de l'intérieur des coffres, n'arroser que lorsque les plantes en ont absolument besoin.

Mais à moins de nécessité absolue, nous ne conseillons pas de faire passer ces plantes l'hiver sous châssis, surtout dans le nord de la France. Elles se trouvent beaucoup mieux en serres qui, comme nous l'avons dit, doivent être identiques à celles des Calcéolaires, ou à défaut une serre froide ordinaire, si elle peut donner aux plantes beaucoup de lumière et d'air, n'être pas trop humide, est excellente.

Les Cinéraires sont placées sur des pots, assez près les unes des autres, mais sans se toucher. Un second rempotage est nécessaire lorsque les racines entourent leur motte de terre; il se fait en pots de 16 à 20 centimètres de diamètre suivant la vigueur des plantes; le diamètre de 16 centimètres suffit généralement pour les races naines et celle à fleurs doubles. Ce rempotage se fait comme le précédent en supprimant un peu le chevelu s'il est trop fort.

Pour obtenir de forts spécimens, on peut rempoter une troisième fois, lorsqu'il en est besoin, les plantes qui sont très vigoureuses, dans les races grandes. On emploie pour cela des récipients de 20 à 25 centimètres de large, mais disons en passant que comme tous les végétaux une Cinéraire est plus belle et plus attrayante dans un pot petit eu égard à la force de sa végétation. Après le deuxième rempotage, on pose les pots à même sur le sol de la tablette, et il va sans dire que les plantes sont espacées à mesure de leur développement foliacé, de façon à ne pas se gêner réciproquement.

Comme pour les Calcéolaires, nous conseillons les rempotages successifs qui ont l'avantage marqué de fournir des plantes mieux fournies et plus florifères.

Chaleur, humidité, lumière. — La moyenne de la température à donner aux Cinéraires est à peu près analogue à celle octroyée aux Calcéolaires; on peut établir pour cette moyenne les degrés suivants :

En hiver, 5-7° C. la nuit et 10-12° le jour;

Au printemps, 8-10° la nuit et 16-18° le jour.

Lorsque le degré de chaleur dépasse 12°, on peut aérer en ouvrant les châssis de la serre d'un côté, mais seulement vers le milieu du jour en hiver. En janvier, février et mars l'aération augmente avec la force du soleil. Vers cette époque il est bon de se tenir sur la moyenne indiquée ci-dessus.

Jusqu'ici nous avons parlé du degré de température à donner aux plantes en tant que culture normale, mais il est très facile de soumettre celles-ci à une chaleur plus élevée, pour avancer leur floraison.

Lorsque l'on désire avoir des plantes en fleur dès janvier-février, sitôt rentrées en serre on les soumet à une chaleur soutenue de 13-17° le jour et 12-10° comme minimum la nuit (moyenne d'une bonne serre tempérée). On avance ainsi la floraison de près de deux mois. Il est aisé de traiter de cette façon le nombre de plantes que l'on désire forcer, en les transportant dans une serre tempérée, et de renouveler la provision tous les quinze jours environ, de manière à s'assurer des Cinéraires fleuries jusqu'à l'époque de la floraison normale des autres, c'est-à-dire en mars-avril.

Les Cinéraires demandent moins d'humidité atmosphérique que les Calcéolaires, sans pouvoir s'en dispenser pour cela.

Il faut rigoureusement éviter celle-ci en hiver, surtout par les temps sombres, et si elle était trop abondante à cette époque et que l'on ne pût pas renouveler l'air, il faudrait chauffer fortement et ventiler malgré tout, jusqu'à ce qu'elle ait disparu. A partir de février, où la végétation se développe, on tient l'air de la serre un peu humide pendant les journées ensoleillées, en arrosant les sentiers vers midi. Les bassinages sur les feuilles peuvent être donnés en même temps.

La lumière la plus vive est nécessaire aux Cinéraires qui s'étiolent dans les serres trop ombrées ou lorsqu'elles se trouvent éloignées du vitrage : c'est pourquoi nous conseillons toujours de tenir les plantes sur des pots renversés qui diminuent la distance des feuilles aux vitres. C'est surtout aux sujets hivernés sous châssis qu'il importe de donner beaucoup de lumière : aussi, dès que la température extérieure est au-dessus de 0° en hiver, faut-il ôter les paillassons, ne fût-ce que pendant une heure ou deux, vers le milieu du jour.

Quand le soleil a de la force, vers février-mars, qu'il fait faner les feuilles, on ombre avec des toiles ou des claies qui brisent les rayons solaires, mais seulement de 10 heures du matin à 2 heures du soir. On ombre de 9 heures du matin à 4 heures à partir de mars, en ayant l'habitude d'ôter l'ombrage d'un côté sitôt que le soleil n'y a plus de force. Nous rejetons comme moyen d'ombrage le badigeonnage des vitres au blanc d'Espagne ou à la peinture, car il procure une lumière trop diffuse et constante.

Arrosements, bassinages, engrais. — Comme pour les Calcéolaires il faut arroser modérément en hiver et ne donner que juste ce qu'il faut d'eau aux plantes pour vivre. Pendant cette saison il est bon de visiter les plantes une à une pour les arroser, d'éviter surtout de mouiller les feuilles, particulièrement celles des Cinéraires hivernées sous châssis. Lorsque la température s'élève et que le soleil prend de la force on augmente les arrosements progressivement pendant tout le temps de la végétation. Il ne faut surtout pas les ménager pendant la formation des tiges et boutons à fleurs jusqu'à la floraison ; mais une fois celle-ci arrivée, il faut prendre soin de mouiller avec modération : car, comme la plante est arrivée à son *summum* végétatif, c'est-à-dire qu'elle ne *pousse* plus, il suffit d'entretenir la végétation. C'est là une règle générale pour les végétaux fleurissants dont la floraison est le maximum de développement vital, règle que malheureusement trop peu de personnes observent, comme on se figure toujours à tort qu'une plante en fleurs a plus besoin d'eau qu'une autre en boutons, alors que c'est le contraire.

Les bassinages sont *nécessaires* en ce qu'ils empêchent, étant donnés à propos, les plantes de durcir, et *favorables* parce qu'ils aident au développement extrême du feuillage, lui procurent une ampleur plus grande, un ensemble plus étoffé et plus vigoureux. On bassine pendant les jours ensoleillés, aux heures les plus chaudes et seulement lorsque les plantes sont en pleine végétation, 3 à 4 fois par semaine, puis journellement. L'eau doit être répandue en pluie fine avec une seringue ou un arrosoir à pomme, être toujours à la température de la serre. L'eau de pluie est indispensable. Les Cinéraires destinées à être forcées ont besoin d'être bassinées plus souvent que les autres, afin d'activer la végétation, mais il ne faut jamais mouiller le feuillage le soir : car l'abaissement nocturne de la température peut occasionner des taches où l'eau n'aurait pas eu le temps de s'évaporer. Il faut cesser entièrement les bassinages sitôt que les plantes commencent à fleurir. Ils deviennent aussi inutiles que les arrosements trop abondants, puisqu'une fois cette période de la floraison atteinte, les plantes n'ont plus besoin de stimulant à leur végétation.

Les engrais sont très favorables aux Cinéraires et leur servent à acquérir plus de vigueur, une ampleur de floraison et de feuillage que l'on ne rencontre pas chez les plantes qui en ont été privées. Ces végétaux supportent facilement des engrais actifs comme le purin, le sang desséché, le guano, l'engrais de mouton ; ils doivent être appliqués régulièrement et progressivement comme pour les Calcéolaires (voir cet article); ceux chimiques peuvent être mélangés au compost au moment du rempotage. Les arrosements à l'engrais sont cessés à la floraison complète des plantes. Disons en terminant qu'il ne faut jamais arroser avec une matière fertilisante quelconque une plante lorsqu'elle a soif, dans ce cas on mouille d'abord à l'eau, puis on applique l'engrais.

Maladies, insectes nuisibles. — La chlorose se remarque chez ces plantes de même que chez les Calcéolaires, et les moyens pour la combattre étant identiques, nous prions donc le lecteur de bien vouloir se reporter à l'article y relatif dans le chapitre : Calcéolaires. Il en est de même pour les pucerons qui attaquent souvent les Cinéraires et dont on se débarrasse par des fumigations répétées (voir aux Calcéolaires). Quelquefois les Cinéraires sont atteintes par le *blanc* analogue à celui du Rosier, dont on se débarrasse par des soufrages répétés au moyen d'un pulvérisateur.

Parfois on a affaire à des plantes qui *boudent* et ne *font rien*, sans que l'on sache à quelle cause attribuer cet état ; dans ce cas, il faut dépoter la plante affectée, supprimer jusqu'au vif toutes les racines paraissant malades ou mortes s'il y en a, puis rempoter le sujet traité dans un pot plutôt petit que grand et en donnant un bon drainage. Arrosements très modérés jusqu'à ce que la végétation se développe à nouveau.

Soins généraux, emplois. — Les soins généraux énumérés pour les Calcéolaires sont complètement applicables à ces plantes. Il est bon aussi de couper à mesure les fleurs qui sont *passées ;* on se sert pour cela de ciseaux avec lesquels on supprime les capitules fanés munis de leur pédoncule, jusqu'à la première ramification que l'on rencontre.

Quelquefois de petites tiges florales dépassent l'ensemble des autres et rompent alors la régularité du corymbe ; il convient de les supprimer pour la beauté de la floraison et son effet.

La Cinéraire est une très jolie et brillante Composée ; la vivacité de ses coloris et la richesse de leurs tons, son port élégant, son mérite de fleur printanière et même hivernale, lui ont acquis une vogue bien méritée chez le public comme chez l'amateur. De hauteurs diverses, elle concourt aussi bien à la formation de grandes garnitures dans les salons que de petites décorations dans les appartements même un peu réduits. Les jardinières, cache-pots, surtouts de sable, ne peuvent trouver de sujets plus aptes à former un ensemble élégant, aussi beau qu'un magnifique bouquet comprenant feuillage et fleurs. La Cinéraire à fleurs doubles apporte sa beauté particulière et ses qualités de durée comme plante d'appartements, et, à ce sujet, mérite d'être plus cultivée qu'elle ne l'est aujourd'hui.

COLEUS

Caractères botaniques. — Les Coleus (*Coleus* Lour.) (étymologie *Koléos*, en grec gaine ; à cause de la soudure des filets staminaux, en une sorte de gaine, entourant le style) sont des Labiées, du groupe des Plectranthées, de la série des Ocimées.

Leurs fleurs sont régulières, hermaphrodites, à réceptacle légèrement convexe. Le calice est gamosépale, décliné, à cinq divisions inégales : la postérieure plus grande que les autres, extérieure, recouvrant les latérales. La corolle, irrégulière, à tube exsert, plus ou moins décliné, à la gorge oblique, et un limbe à 5 divisions, dont les deux postérieures recouvrent les latérales ; ces dernières enveloppent l'antérieure ; les 4 divisions postérieures forment une large lèvre, l'antérieure constitue une autre lèvre déclinée.

L'androcée, porté sur la corolle, est formé de 4 étamines, didynames, déclinées, unies à la base de la corolle, et formant ainsi un tube ; les anthères, presque carrées, ont 3 loges confluentes, et se trouvent étalées après la déhiscence ; ce sont les étamines postérieures qui sont les plus petites. Le gynécée est supère, entouré d'un disque glanduleux, à lobes inégaux, le lobe antérieur est plus grand que les autres, parfois même très grand ; l'ovaire est biloculaire ; chaque loge se trouve partagée en demi-loges uniovulées; du centre des quatre logettes se dégage un style gynobasique, dont l'extrémité stigmatifère est partagée en 2 branches aiguës, presque égales, et dont la base s'atténue subitement au niveau des saillies ovariennes; les ovules ascendants, anatropes, ont leur micropyle tourné en bas et en dehors. Le fruit, accompagné du calice persistant, est formé de 1-4 akènes oblongs, contenant chacun une graine ascendante, à embryon charnu, à radicule infère.

Les *Coleus* sont des herbes, parfois de petits arbrisseaux, à feuilles opposées, un peu cordiformes, atténuées à la base, ovales, acuminées, dentées; leurs fleurs sont disposées en épis de 6-8 fleurs, elles-mêmes groupées en épis simples ou composés.

Il existe à peu près 35 espèces de *Coleus*, originaires des régions tropicales de l'Afrique, de l'Asie et de l'Océanie.

Deux espèces intéressent particulièrement l'horticulteur : *C. Blumei* Benth, et *C. Verschaffelti* Ch. Lem. originaires toutes deux de Java. On attribue à leurs croisements l'origine des innombrables variétés aujourd'hui cultivées, toutes groupées sous le nom de *C. hybrides* Hort.

Il semble même incontestable que *C. Verschaffeltii* n'est qu'une variété de *C. Blumei*, obtenue par la culture.

Le *C. Blumei* est une plante vivace, à tiges dressées, fermes, hautes de 30 à 40 centimètres, à grandes feuilles ovales, acuminées, vert pâle, marbrées ou maculées de rouge brun, dont les fleurs, mi-parties violettes et blanches, sont disposées en un long épi terminal.

Coleus hybride.

Annuel en plein air, vivace et sous-arbrisseau en serre. Sous le nom de *Coleus hybrides*, on désigne en horticulture des végétaux à feuillage coloré diversement de jaune, de vert, de rouge, de blanc, etc., s'élevant à 50 et 60 centimètres de hauteur. Fleurs insignifiantes, blanches et bleues.

Fig. 15. — Coleus hybride.

On est arrivé à créer les races suivantes :

1° **C. à feuilles laciniées** (*Coleus hybridus laciniatus*).

2° **C. à feuilles frangées et frisées** (*C. hybridus fimbriatus*).

1re Section : Coleus de plein air.

Nous avons trouvé simple et pratique de diviser les variétés de ce genre en deux groupes bien distincts pour les jardiniers : 1° celui des *Coleus* pouvant passer avec succès la belle saison à l'air libre et convenant par là à l'ornementation estivale des jardins ; 2° celui des *Coleus* exigeant l'abri d'un vitrage et des rayons directs du soleil, dont la beauté de coloris du feuillage n'atteint son maximum qu'en serre.

Les *Coleus* pouvant être cultivés en plein air sous le climat de Paris, c'est-à-dire depuis la fin de mai jusqu'à la première petite gelée qui les détruit, sont très peu nombreux, car les variétés sont rares qui peuvent être employées à cet usage.

Il faut, en effet, qu'une plante possède des qualités particulières que nous pouvons énumérer comme suit : être vigoureuse et pourvue d'un feuillage abondant, résistant aux pluies, les couleurs des feuilles doivent être bien distinctes et former un contraste frappant, et, chez les plantes unicolores comme chez les multicolores, le feuillage doit supporter, sans *brûler*, l'ardeur des rayons du soleil. Ceux-ci, en effet, décolorent ou rendent plus foncées certaines couleurs, ce qui détruit l'harmonie de l'ensemble et fait paraître le feuillage presque unicolore en ne laissant apercevoir que des teintes fondues dans la tonalité générale.

Il est néanmoins très facile d'employer pour le plein air des variétés de *Coleus* appelés de *serre ;* en les plantant en lieu abrité, soustrait à l'action directe du soleil, on obtient un résultat appréciable mais qui, naturellement, ne peut pas soutenir la comparaison avec celui obtenu par les mêmes plantes cultivées sous abri vitré.

Les jardiniers se sont contentés de choisir pour le plein air des plantes unicolores remarquables par leur coloris voyant, noir, jaune, rouge, etc., ou des variétés multicolores dont les couleurs forment un contraste agréable et net.

Voici, avec une brève description, les *espèces* et *variétés* les plus cultivées aujourd'hui, et surtout les plus estimées dans la section de *Coleus* qui nous occupe :

Coleus Verschaffeltii. Plante robuste, ramifiée, feuillage ample, cordiforme, denté, d'un riche pourpre chatoyant, conservant son éclat jusqu'à la fin de la saison. Extra. C'est l'*espèce* cultivée partout aujourd'hui et le meilleur *Coleus* pour la pleine terre.

C. Marie Guillot (Chrétien, 1886). Feuilles moyennes, légèrement dentelées, à centre rouge cerise avec taches brun-velouté et bordées de vert gai. Réussit bien à mi-ombre, mais est plus joli au soleil où sa coloration est plus intense.

C. Golden Gem (**ou Baronne de Rothschild**). Feuillage dentelé, rouge bordé d'or ; plante naine très jolie pour bordures.

C. La Vedette. Feuillage rouge vif avec une belle marge d'or. Plante naine.

C. Merveille. Feuillage rouge velouté illuminé de cramoisi brillant.

C. L'Or des Pyrénées. Feuillage jaune d'or uniforme devenant plus intense au grand soleil. Convient pour bordures et paraît supérieure à la variété **Marie Bocher**.

C. Roi des noirs. Feuilles larges, dentelées, marron noir chatoyant. Plante vigoureuse, supérieure à l'ancienne variété **Niger**.

Nous recommandons encore comme très méritantes les variétés : **L'Eclair**, rouge et jaune ; **Marie-Louise**; **Prince de Bracovan**, rouge; **Triomphe du**

Luxembourg, orange et jaune, **Othello**, **Arlequin**, **Félix Florentin**, **Adrien Schmitt**, etc.

Les *Coleus* sont sans rivaux comme plantes à feuillage ornemental pour la décoration des corbeilles, des massifs et des bordures où ils produisent un effet aussi remarquable que de belles fleurs; il faut ajouter aussi que c'est avec la plus grande facilité qu'ils se prêtent à toutes les combinaisons et à tous les pincements que l'on veut bien leur faire subir pour les avoir nains ou grands, en pyramide ou en buisson, etc., et nous devons dire aussi à ce sujet que c'est certainement une des plantes les plus faciles à cultiver et se soumettant le mieux aux caprices de ceux qui l'emploient.

On s'en sert communément associés aux autres plantes cultivées pour leur feuillage auquel ils forment contraste; on en fait des tapis, des dessus de corbeilles, des zones concentriques, et les variétés relativement naines sont affectées aux grandes lignes de mosaïque, telles qu'on en voit encore dans quelques jardins, ou à la formation de jolies bordures ne devant pas excéder une certaine hauteur. Ils aiment le soleil et les endroits chauds et abrités; la mi-ombre leur plaît encore bien, surtout à quelques variétés multicolores, mais ils s'étiolent à l'ombre et y perdent leurs brillantes couleurs.

2e Section : **Coleus de serre.**

La majeure partie des *Coleus* hybrides se plaît mieux cultivée sous un abri vitré quelconque qu'en plein air. Ces plantes sont extrêmement frileuses à cause de leur nature tropicale et elles trouvent, habitées en serre, un milieu plus favorable à leur développement et se rapprochant davantage de celui de l'habitat naturel de leurs parents, qui est Java. Leur feuillage est, en outre, à l'abri des pluies fortes et de la grêle qui abîment souvent celui des plantes cultivées à l'air libre, et le degré de lumière et d'ombrage qu'on peut leur donner à volonté procure aux coloris dont sont revêtues les feuilles une vivacité, une fraîcheur et une netteté qu'il est impossible de trouver chez les sujets qui poussent dehors; de plus, on peut, dans une serre, établir une moyenne de température peu variable et provoquer une humidité atmosphérique voulue au moyen de bassinages et de mouillures, concentrer cette humidité lorsqu'il y a lieu et faire vivre ainsi les plantes dans des conditions très favorables qu'on ne peut pas leur procurer ailleurs.

Les *Coleus* sont des plantes de serre chaude — 15-18° C. — et comme telles réclament tous les soins donnés aux végétaux analogues; mais comme en été les serres froides sont toujours ou presque toujours vides, il est facile de les transformer en serres chaudes en y emmagasinant la chaleur solaire; c'est par ce moyen qu'il est donné à l'amateur de pouvoir jouir de plusieurs genres de végétaux, tels que les *Caladium* du Brésil, les *Gloxinia* et autres Gesneriacées, les *Begonia rex*, etc., toutes plantes qui, comme les *Coleus*, tiennent très peu de place en hiver.

A l'amateur plus modeste qui ne possède pas de serre tempérée pour hiverner des boutures, et n'a qu'une serre froide ou deux, nous conseillons de semer des *Coleus* au printemps, tout comme une autre plante annuelle, de les élever sur couche, puis d'en garnir sa serre; il obtiendra un très bon résultat et des plantes aussi belles et aussi variées que celles qui sont nommées dans le commerce.

Tout le monde sait, en effet, quelle quantité de variétés se sont succédé dans ce genre, combien apparaissent encore aujourd'hui, malgré que la plante ne soit plus de mode, et par la suite quelle difficulté il existe de pouvoir faire un choix dans l'ensemble et de se créer une collection stable; les nouveautés éclipsant les anciennes variétés par un caractère particulier ou un mérite supérieur, on élimine ainsi toujours. C'est pourquoi nous n'avons pas jugé à propos de donner ici une liste des variétés nommées de *Coleus* hybrides, estimant qu'il appartient à chacun de choisir selon son goût; d'autre part il eût été très difficile, sinon impossible, de présenter au lecteur une description tant soit peu fidèle des dispositions des couleurs et de l'effet d'ensemble d'une plante.

Une autre considération importante nous a engagé à ne pas former de collection de ces plantes : nous voulons parler du sage parti qu'ont pris certains amateurs de semer leurs *Coleus* eux-mêmes, de s'en faire un choix, et par des semis successifs, d'obtenir un ensemble de variétés ne le cédant pas à celles du commerce. Or, les *Coleus* sont si variables et il est si facile d'avoir par les graines des nouveautés, que c'est là le moyen le plus expéditif et le plus pratique d'obtention de ces végétaux. On est arrivé, par une sélection continue, à obtenir des plantes à feuilles très grandes, bien colorées et de beaucoup supérieures aux races anciennes; une autre race nouvelle se distingue par ses feuilles aussi grandes, mais frisées ou frangées sur les bords; nous citerons encore les *Coleus* à feuilles laciniées. Toutes ces races se reproduisent par le semis, et les plantes en résultant offrent toutes les combinaisons des dessins des *Coleus*, ainsi que la diversité de leurs coloris.

Culture.

Semis, repiquage. — Nous avons expliqué quels avantages le semis procure aux amateurs ne disposant pas de serre chaude ou au moins tempérée, et nous avons dit que ce moyen était couramment employé par un grand nombre de praticiens qui traitent les *Coleus* comme plantes annuelles, c'est-à-dire qu'ils sèment chaque année des graines récoltées sur des pieds remarquables à un titre quelconque, ou qu'ils se sont procurées dans le commerce. Or, les *Coleus* de semis atteignant tout leur développement végétatif en une saison, il est naturel que l'on n'aille pas s'embarrasser dans les détails et le contrôle d'une collection d'autant plus sujette à varier que les plantes sont instables elles-mêmes dans leurs caractères.

On sème généralement de janvier en mars, en serre ou sous châssis, sur couche.

Si l'on possède une serre chaude, on sème à partir de janvier en terrines préparées comme il est dit pour les Calcéolaires ; on recouvre légèrement les graines de terre de bruyère tamisée très sableuse, puis on appuie la surface avec une petite batte ou le dessous d'un pot à fleurs. Après un léger bassinage donné avec une seringue fine, on couvre la ou les terrines d'une feuille de verre et elles sont placées ensuite sur des pots renversés et le plus près du vitrage possible. La feuille de verre doit être essuyée chaque matin. La levée est rapide, et dès qu'elle paraît générale on soulève un peu le verre pour donner de l'air. C'est à partir de ce moment qu'il importe de veiller attentivement sur les jeunes plants et de ne les bassiner qu'à propos afin d'éviter la *fonte*, qui se produit assez facilement lorsqu'il y a trop d'humidité.

Lorsqu'ils ont deux feuilles on les repique en terrines, à 2 centimètres de distance en tous sens, dans un compost formé de mi-terre de bruyère ou terreau de feuilles et mi-terreau de couche bien consommé et tamisé. On replace les terrines près du vitrage, et les soins à venir consistent en bassinages plutôt modérés jusqu'à ce que la végétation se développe bien ; quand les plantes se touchent, on procède à l'empotage en godets de 7 centimètres de diamètre dans un compost pareil à celui du repiquage.

Quelques jours avant on aura monté, à bonne exposition, une couche chaude susceptible de donner une chaleur de fond soutenue, faite par conséquent avec moitié feuilles sèches et moitié fumier neuf; on la charge d'un lit de 6 à 7 centimètres de terreau nécessaire pour enterrer les godets de Coleus. De bons réchauds doivent entourer les coffres. Lorsque la couche a jeté son coup de feu, on peut y placer les plantes. On couvre tous les soirs avec des paillassons doublés, et on renouvelle les réchauds dès que le besoin s'en fait sentir, de façon à maintenir la température sous les châssis entre 20° et 25° C. le jour et 16° et 18° C. la nuit.

Les vitres doivent être épongées chaque matin pour enlever la buée toujours abondante sous les châssis, et vers le milieu du jour on aère pendant quelque temps pour chasser l'humidité et renouveler l'air. Si le soleil est vif, il faut étendre un peu de paille longue sur les vitres pour ombrager les plantes. Dès que les racines entourent la motte, on procède au rempotage en godets de 9 à 10 centimètres de diamètre, dans un compost formé comme suit :

1 tiers terre de bruyère ou terreau de feuilles ;

1 tiers terre franche de jardin ou terre de gazon décomposé ;

1 tiers terreau de couche neuf,

le tout bien mélangé à l'avance si possible et passé au crible. On replace les plantes sur une petite couche tiède établie quelques journées auparavant, en enterrant les pots dans du terreau et en les espaçant entre eux de 3 à 4 centimètres, afin que le feuillage n'en soit pas gêné par la suite. Au moment du rempotage on a pu faire subir un premier pincement aux *Coleus*, à quatre feuilles sur les sujets vigoureux, à six sur ceux qui le sont moins, de manière à faire développer quatre et six rameaux latéraux qui seront pincés à leur tour à quatre et six feuilles. Il faut arroser plus abondamment à mesure que les plantes prennent de la force et que le soleil devient plus chaud ; l'aération doit être donnée en conséquence pour que les plantes ne s'étiolent pas. On ombre selon qu'il fait plus ou moins de soleil et lorsque les plantes paraissent en avoir besoin. Un bassinage sur les feuilles est donné pendant les journées chaudes et ensoleillées, vers midi. Il va sans dire que les châssis doivent toujours être couverts de paillassons pendant la nuit.

A mesure que la température extérieure s'élève davantage, on aère plus largement ; et s'il vient à tomber une petite pluie chaude et fine, on doit se hâter d'enlever les châssis pour en faire profiter les plantes. Vers le 15 mai, si le temps le permet, sous le climat de Paris, il est bon d'ôter les châssis pendant le jour et de les remettre le soir en laissant un peu d'air pour endurcir les tissus des végétaux. Vers la fin de ce mois, il faut enlever entièrement les panneaux, car on arrive à l'époque où les *Coleus* vont être employés pour garnir les jardins.

Le semis sur couche, pour celui qui n'a pas de serre, se fait de février en mars ; les terrines préparées comme il est dit plus haut, semées (1) et couvertes d'une feuille de verre, sont enterrées dans le terreau d'une bonne couche chaude. Il faut essuyer le verre chaque matin, donner un peu d'air au châssis vers le milieu de la journée afin de chasser l'humidité produite par la fermentation de la couche, ombrer légèrement si le soleil est trop ardent, et surtout bassiner avec la plus grande prudence pour éviter l'humidité déjà si grande à l'intérieur des coffres des couches chaudes. Lorsque les plants ont deux feuilles on les repique, comme il est dit précédemment, et les soins et travaux suivants sont identiques.

Si on a bien suivi les indications culturales que nous venons de donner, les plantes doivent être vigoureuses, ramifiées, pourvues d'un chevelu abondant qui aidera puissamment à la reprise en pleine terre. Les sujets destinés à la culture en pots auront été traités un peu différemment dès qu'ils ont eu besoin de nourriture dans les godets de 9 centimètres.

Bouturage. — Le bouturage a le grand mérite de permettre la conservation et la reproduction des

(1) On se trouve bien d'épandre une légère couche de poussier de charbon de bois sur la surface de la terrine, ce qui a pour but d'absorber une partie de l'humidité atmosphérique.

Coleus remarquables formés en collection et, par sa facilité et sa rapidité, de pouvoir fournir en peu de temps un grand nombre de sujets pour la décoration estivale des jardins. C'est là son rôle le plus important. Ce bouturage peut se pratiquer presque toute l'année, à chaud, et avec n'importe quel rameau ou portion de rameau non lignifié et pourvu d'un œil au moins. La meilleure époque pour bouturer est le printemps ; les boutures sont prises sur des pieds-mères obtenus de la façon suivante : En août, on choisit sur des pieds vigoureux des variétés que l'on veut conserver ou multiplier, des boutures bien propres, longues de 5 à 6 centimètres et que l'on coupe sous un nœud en supprimant les deux feuilles de la base. Ces boutures sont piquées sous châssis, dans le terreau d'une vieille couche auquel on aura mélangé du sable, bassinées légèrement et ombrées suivant le besoin. On peut aussi planter les boutures sous cloches ou les mettre de suite en godets par trois ou quatre. Il faut essuyer chaque matin les cloches ou les châssis pour éviter l'excès d'humidité qui amènerait la *toile* et par suite la perte des boutures. Au bout de quinze jours à trois semaines celles-ci sont enracinées et peuvent être empotées en petits godets de 7 centimetres, en terre de bruyère mélangée d'un tiers de terreau On replace sous châssis, à l'étouffée jusqu'à la reprise, après quoi on donne grand air. Les plantes sont pincées à la sixième feuille pour les faire ramifier. Peu de temps après on les rempote avec le même compost en pots de 10 centimètres dans lesquels elles passeront l'hiver. On les remet sous châssis et on les y laisse jusque vers la mi-octobre environ, suivant le temps ; puis, par un jour sec de préférence, on les rentre en serre chaude, 18° à

20° C. où on les dépose sur des planches ou des tablettes et de toute façon le plus près possible du vitrage.

En hiver, les soins consistent à entretenir les *Coleus* dans une propreté rigoureuse et à ne les arroser que juste ce qu'il faut pour qu'ils ne fanent pas, car ces plantes craignent énormément l'humidité pendant cette saison.

Vers le 15 février on peut commencer le bouturage, soit que l'on veuille obtenir des plantes pour massifs ou pour la culture en pots. On peut bouturer en serre à multiplication, dans du gravier, des cendres, de la sciure de bois, de la tannée, à même le sol de la bâche ou en godets remplis de terre de bruyère sableuse, ou bien sur couche préparée comme il est dit pour le semis, dans du terreau additionné de moitié sable.

On coupe sur les pieds-mères toutes les boutures possédant au moins quatre yeux ; elles sont piquées sur couche ou en serre en ayant soin de ne pas les enterrer trop profondément ; on les mouille pour les affermir dans le sol, puis on leur prodigue une chaleur et une humidité soutenues ; au bout de quinze jours à trois semaines elles sont enracinées et bonnes à être empotées en godets de 7 centimètres dans un compost formé de moitié terre de bruyère et moitié terreau de couche. Si on a bouturé sous châssis, il faut avoir soin d'éponger la buée des vitres chaque matin et de donner un peu d'air pour laisser les boutures se ressuyer.

Une fois empotées, on place les boutures sur couche chaude et on les traite comme les plantes de semis. Si on a besoin d'une grande quantité de plantes, on coupe la tête des boutures en laissant à celle-ci 2 ou plutôt 4 yeux pour pouvoir se bien ramifier; on coupe aussi tous les rameaux qui se sont de nouveau développés sur les pieds-mères, en agissant comme la première fois. Une troisième fournée a lieu d'être faite lorsque les têtes des secondes boutures sont bonnes à être employées. Il est possible de bouturer ainsi jusque vers le 15 avril ou la fin de ce mois au plus tard, car, passé cette date, les plantes n'auraient plus le temps de se *faire* avant l'époque de la plantation.

Si l'on n'a à reproduire qu'une collection destinée à la culture en pots, comme on a le choix des boutures, on choisit les plus vigoureuses pour former ses plantes. Elles sont traitées comme les autres, mais celles destinées à former des pyramides ne doivent pas être pincées.

Culture en pleine terre. — Sous le climat de Paris et dans le nord de la France, il vaut mieux attendre jusqu'aux premiers jours de juin pour effectuer la plantation des *Coleus* en pleine terre. Il faut choisir, si possible, un temps couvert et chaud pour cette opération.

La place que les plantes doivent occuper aura dû être fumée abondamment avec du fumier et amendée avec du terreau de couche de façon à être humeuse, fraîche et relativement légère. Les *Coleus* sont dépotés avec soin et plantés à la houlette à une distance variant avec la vigueur des variétés et la force des plantes et qui est en moyenne de 30 à 40 centimètres. Si l'on a à garnir une corbeille, les plantes sont placées d'abord suivant leur taille, de manière que les plus hautes en occupent le centre ; dans la formation de bordures où l'on cherche autant que possible à uniformiser la hauteur, on opère plutôt quelques pincements sur les sujets trop hauts. Dans la garniture d'une corbeille ou d'un massif de *Coleus* de semis ou de variétés mélangées, c'est au goût du jardinier de placer les plantes pour qu'elles forment *contraste* entre elles et n'offrent pas une teinte uniforme comme cela arrive souvent. Ne pas planter non plus des variétés hautes et vigoureuses à côté d'autres naines ou chétives. Dans leur association avec d'autres végétaux, les *Coleus* doivent occuper une place subordonnée au développement et à la hauteur qu'atteindront ceux-ci. Là, encore, c'est au praticien à bien calculer les effets qu'il désire obtenir, eu égard aux sujets employés.

Dans les grands dessins de mosaïque, la place des *Coleus* est à côté d'autres plantes de même taille et différentes de coloris comme feuillage ou fleurs.

Après la plantation, on arrose fortement à l'arrosoir à pomme pour bien affermir les plantes dans le sol ; quelques jours après on donne un léger binage, puis il est étendu sur toute la surface de la plantation, corbeille ou bordure, un paillis de fumier court, épais de 2 à 3 centimètres. Pendant l'été il faut arroser abondamment les plantes et, s'il est possible, donner tous les huit jours un arrosement à l'engrais humain coupé de 9 parties d'eau, désinfecté au sulfate de fer. La bouse de vache, le purin, quoique moins actifs, donnent un résultat appréciable. Ces applications d'engrais sont excellentes et procurent aux *Coleus* une force de végétation, une ampleur de feuillage et une beauté de coloris remarquables ; aussi ne pourrons-nous jamais en conseiller trop l'usage. Les autres soins consistent à bien équilibrer la végétation au moyen de pincements même réitérés au besoin, pincements courts sur les rameaux vigoureux, longs sur ceux qui sont faibles, de manière à donner une forme régulière aux plantes et une hauteur uniforme à l'ensemble d'une corbeille, d'un tapis ou d'une bordure. Il faut arrêter le pincement à la fin de juillet. En août, on bouture. Les plantes restent dans leur beauté jusqu'à la première gelée qui les tue complètement.

Culture en pots, compost, rempotages, taille. — La culture en pots est appliquée aux plantes devant servir à l'ornementation des serres froides en été, des vérandas, jardins d'hiver et appartements ; il importe donc de former un sol factice très nutritif et de donner plusieurs rempotages successifs, nécessaires à ces végétaux vigoureux et voraces pour bien pousser.

Le meilleur compost paraît être un mélange par tiers de terre de bruyère ou de terreau de feuilles, de terre franche de jardin ou de terre de gazon décomposé, de terreau de couche neuf, le tout préparé environ 6 mois à l'avance et remué à la pelle au bout de 3 mois. On peut mélanger au compost, lors de sa formation, soit de l'engrais humain, soit de la poudrette en provenant, du sang desséché, du purin, ou des engrais chimiques fortement azotés. C'est avec ce compost que seront faits tous les rempotages de ces plantes.

Dès que les plantes de semis ou de boutures commencent à avoir faim dans leurs godets de 9 à 10 centimètres, il faut leur donner un rempotage en pots de 16 centimètres de diamètre, en drainant bien le fond.

On replace les plantes sur vieilles couches, en les espaçant suivant leur vigueur ; c'est aussi à partir de ce moment qu'il convient de les tailler selon le but que l'on cherche à obtenir; pour former des buissons, on pince le rameau unique au-dessus de la troisième paire de feuilles ; les 6 bourgeons qui se développeront seront attachés à de légers tuteurs disposés à l'entour de la plante et maintenus écartés le plus possible les uns des autres. Ils seront pincés eux-mêmes plus tard : ceux supérieurs au-dessus de la première paire de feuilles ; ceux secondaires au-dessus de la deuxième paire, et ceux de la base au-dessus de la troisième paire, de telle façon que les rameaux tertiaires, en se développant, formeront un buisson régulier.

Les sujets destinés à former des pyramides ne doivent pas être pincés. Dès que les racines tapissent les parois des pots, il faut rempoter à nouveau en récipients d'environ 25 centimètres de diamètre. On rentre alors les plantes en serre, et l'on procède à la formation et à la continuation de la charpente et des pincements nécessaires. Les plantes en buisson sont bien équilibrées en redressant les rameaux faibles et en abaissant ou en pinçant ceux trop vigoureux de manière qu'elles offrent une forme régulière.

Si on a le désir d'avoir des *Coleus* en pyramide on procède de la façon ci-après : le rameau central qui n'a pas été pincé est tuteuré ; les branches inférieures développées sont abaissées jusqu'au niveau du pot, maintenues en cet état par des épingles en bois ou en fil de fer, redressées à leur extrémité et fixées à un tuteur puis pincées à un œil. Le second étage s'établit comme le premier en inclinant les branches horizontalement et en les pinçant à leur extrémité pour qu'elles se ramifient. On continue ainsi progressivement, par des étages successifs, à former une pyramide régulière. Les branches inférieures s'enracinent naturellement par suite de leur contact avec la surface de la terre des pots, et on aide même cet enracinement en les recouvrant par le compost à chaque nouveau rempotage, ce qui a pour résultat de leur donner la vigueur nécessaire, indispensable même, pour garder la prépondérance de végétation sur la partie supérieure toujours plus vigoureuse.

Pour exciter la végétation et pour empêcher les plantes de durcir, il faut les rempoter graduellement en pots toujours plus grands. On arrive ainsi à leur donner quatre rempotages pendant le cours de leur végétation. Les tuteurs employés pour maintenir la charpente des plantes sont replacés à chaque nouveau rempotage, à l'entour du pot, et élargissent ainsi le diamètre de la pyramide ou du buisson.

Chaleur, humidité, lumière. — Une chaleur régulière est indispensable aux *Coleus* pour bien végéter ; elle peut s'élever pendant le jour de 25° à 30° centigrades avec une bonne aération, mais ne doit pas s'abaisser la nuit à moins de 22° à 20° au minimum. On obtient facilement ce degré de température avec la chaleur solaire en été ; mais, s'il survient pendant cette saison des temps froids et humides, il faut couvrir la nuit avec des paillassons le vitrage de la serre et même, si cela était nécessaire, faire un peu de feu, car ces plantes craignent énormément les changements brusques entre la chaleur du jour et la fraîcheur de la nuit. L'aération doit être soutenue pour que les plantes ne s'étiolent pas ; elle donne de la consistance et de la force au feuillage.

L'humidité atmosphérique est indispensable à ces végétaux. Dans les serres trop sèches ils durcissent et sont arrêtés dans leur végétation ; il est donc nécessaire de saturer d'humidité l'air ambiant du lieu où ils se trouvent, ce qu'on obtient facilement en arrosant le sol de la bâche laissé libre entre les plantes, en mouillant abondamment les murs et les sentiers, surtout au moment le plus chaud des journées ensoleillées.

La lumière la plus vive et une certaine somme de soleil peuvent seules donner à ces plantes la vivacité de coloris et la netteté de dessins qui font leur principal mérite.

Il ne faut donc employer que des ombrages mobiles destinés seulement à tamiser les rayons de soleil lorsqu'ils pourraient brûler les feuilles. Nous préconisons les claies à jour ou les toiles claires déroulées de 10 heures du matin à 3 heures du soir et relevées sitôt que le soleil n'a plus de force sur un côté de la serre, si celle-ci est à deux versants. Ces claies ou toiles ne doivent pas être posées à même sur le vitrage mais bien à une certaine distance, de façon qu'il existe un courant d'air entre celui-ci et l'ombrage, qui empêche l'échauffement du verre, et, par la suite, l'aridité de l'air de la serre.

C'est un point important dans la question des ombrages des serres et sur lequel nous ne pourrons jamais assez attirer l'attention des jardiniers.

Il ne faut pas employer le badigeonnage des vitres avec du blanc d'Espagne ou de la couleur, car la lumière est trop diffuse obtenue par ce moyen.

En somme : beaucoup de chaleur, beaucoup d'humidité ambiante, beaucoup de lumière sont des facteurs puissants pour aider à faire acquérir aux *Coleus* le maximum de développement et de beauté qu'ils sont susceptibles d'atteindre ; les arrosements copieux, les bassinages sur les feuilles, les engrais favorisent encore ce développement et peuvent le rendre vraiment extraordinaire.

Arrosements, bassinages, engrais. — Les *Coleus* aiment beaucoup l'eau et se plaisent très bien des arrosements abondants et copieux. On modère un peu ceux-ci à chaque nouveau rempotage pour laisser les racines prendre possession des pots, puis on les rend plus nombreux à mesure que la végétation se développe davantage et que les plantes prennent plus de force et d'ampleur.

Les bassinages à l'eau de pluie, au moyen d'une seringue, sur le feuillage, sont extrêmement favorables aux plantes en ce qu'ils servent à faire acquérir un développement remarquable au limbe des feuilles ; ils tempèrent en même temps la sécheresse de l'air et, avec les arrosages dans les sentiers, procurent cette humidité ambiante si favorable en général aux végétaux à feuillage ornemental comme les *Caladium* du Brésil, les *Begonia rex*, les *Bertolonia*, *Sonerilla*, etc. On doit bassiner une ou deux fois par jour, selon le soleil, fortement, avec de l'eau à la température de la serre.

Il ne faut plus seringuer dans la soirée, si l'on croit que le soleil n'aura plus le temps de faire évaporer l'eau répandue sur les feuilles.

Plus que n'importe quelle autre plante peut-être, le *Coleus* aime et demande de l'engrais, sous quelque forme que ce soit, pourvu qu'il favorise sa végétation exubérante.

Nous avons déjà dit qu'au moment de la formation du compost on pouvait mélanger à celui-ci, soit de l'engrais humain liquide, de la poudrette en provenant, etc. Les arrosements à l'engrais doivent se donner aux plantes sitôt qu'elles sont reprises dans leurs pots, après un rempotage, et se continuer régulièrement une fois puis deux par semaine. L'engrais humain, désinfecté au sulfate de fer, et employé au dixième, est un stimulant très énergique qui nous donne d'excellents résultats ; on augmente progressivement la dose pour arriver au sixième, et le lendemain d'une mouillure à l'engrais on arrose copieusement à l'eau pure. Le sang frais et la bouse de vache, le purin, employés dans les mêmes proportions, sont aussi très recommandables.

Les engrais en général, à part qu'ils augmentent la force de végétation des plantes et l'ampleur du feuillage, contribuent encore pour une large part à donner une intensité plus vive au coloris des feuilles.

Maladies, insectes nuisibles. — Les boutures de *Coleus*, comme celles de beaucoup d'autres végétaux multipliés dans les mêmes conditions, sont sujettes à être envahies par la *toile*, et nous ne pouvons malheureusement pas indiquer d'autres remèdes que ceux conseillés pour les Calcéolaires. Le plus pratique est de bouturer ailleurs que où la maladie s'est déclarée et avec des matériaux tout à fait neufs passés au sulfate de cuivre ou au soufre. Dans les serres sèches, les *Coleus* sont envahis par la cochenille ; on s'en débarrasse dès son apparition en lavant les feuilles des plantes attaquées avec une solution nicotinée à un dixième. On répète ce nettoyage de temps à autre.

Une humidité atmosphérique convenable et des bassinages fréquents préviennent généralement l'invasion de cet insecte.

Soins généraux, emplois. — Les soins généraux à donner aux plantes étant à peu près tous les mêmes, nous n'y reviendrons pas ; disons seulement qu'il faut éviter la *soif* chez les *Coleus*, car elle fait tomber les feuilles ; on doit les tenir aussi à l'abri des courants d'air, surtout en appartements, parce que ces plantes sont très délicates et frileuses. Lorsqu'elles sortent d'une serre chaude et vont dans un local plus froid, il faut les soigner attentivement et ne pas les exposer subitement à l'air libre, au vent et au soleil ; il faut les y acclimater tout doucement.

Comme nous avons expliqué à quels usages servent les *Coleus* en pleine terre, nous dirons seulement quelques mots de leurs emplois en serre et en appartements. La beauté et l'ampleur de leur feuillage, leur ensemble si décoratif, font de cette plante une des plus remarquables à cultiver aussi bien pour la décoration estivale des serres froides que pour celle des salons et des jardins d'hiver, vérandas, pendant quatre mois de la belle saison. En plantes naines ils peuvent décorer les jardinières, les cache-pots, les fenêtres, en plus forts spécimens les salons, les balcons, isolés ou mélangés à d'autres végétaux.

Ils gardent partout, avec leur beauté originale, un faciès exotique et particulier qui semble n'appartenir qu'à eux seuls.

HELIOTROPES

Caractères botaniques. — Les Héliotropes (*Héliotropium* T.; étymologie de *hêlios*, en grec, soleil, et *tropè* action de tourner, la fleur suivrait le mouvement du soleil) sont le type de la série des Héliotropiées dans la famille des Borraginacées.

Leurs fleurs sont hermaphrodites, régulières, à réceptacle légèrement convexe. Dans l'H. du Pérou, le réceptacle porte un calice à 5 sépales, presque entièrement libres, valvaires dans la préfloraison, ou légèrement imbriqués en quinconce. La corolle gamopétale, en entonnoir, à tube à gorge nue, assez étroit, a un limbe, partagé en 5 lobes, présentant 5 plis alternant avec les sépales, à préfloraison imbriquée.

Les étamines portées par la base du tube de la corolle, alternent avec les plis de la corolle; et avec ses divisions; elles sont formées d'un filet court, d'une anthère introrse, biloculaire, déhiscente par 2 fentes longitudinales, insérée sur le filet, à sa base, et par la face dorsale. Le gynécée libre, supère, est entouré d'un disque hypogyne court, cupulé, à bords sinueux ; il est formé d'un ovaire, surmonté d'un style à extrémité stigmatifère, conique, renflée. L'ovaire, primitivement à 2 loges biovulées, voit chacune de ses loges partagée par une fausse cloison, il est finalement à 4 loges (2 antérieures, 2 postérieures), contenant chacune un ovule descendant, anatrope, à micropyle tourné en haut et en dehors. Le fruit est une drupe peu charnue, ou finalement il est sec, à 4 noyaux nuculés, indépendants, plus ou moins réunis deux par deux. Chacun de ses noyaux renferme une graine descendante, à albumen, avec embryon charnu, à radicule supère, à cotylédons plans convexes.

Les Héliotropes qui intéressent l'horticulteur sont des herbes velues, à feuilles alternes, ou presque opposées, dépourvues de stipules, entièrement denticulées; leurs feuilles sont disposées en cymes scorpioïdes, axillaires ou terminales, nues ou feuillées.

L'H. du Pérou (*H. peruvianum* L.) est originaire des Andes du Pérou ; on doit son introduction à Joseph de Jussieu, qui en envoya des graines au Jardin du Roi, en 1740. C'est une plante vivace et ligneuse dans son pays d'origine et en serre, dont voici les caractères.

Annuelle en plein air, suffrutescente, rameuse, à ramifications étalées, dressées, touffues, pouvant s'élever de 60 à 80 centimètres et plus de hauteur, susceptible d'atteindre 2 mètres et plus dans certaines conditions de culture. Feuilles alternes, ou sub-opposées, brièvement pétiolées, parfois sub-lancéolées, ovales, rugueuses, pubescentes-scabres, d'un vert sombre en dessus, d'un vert pâle et velues en dessous. Fleurs disposées en cymes scorpioïdes, groupées en faux corymbe ; calice petit, persistant, à 5 dents : corolle d'un bleu clair ou lilas grisâtre, exhalant une odeur de vanille, à tube une fois plus haut que le calice ; partagée en 5 lobes obtus, séparés par des plis. Fruit ou nucule, décrite à tort graine par les horticulteurs, globuleuse, glabre.

L'H. de Volterra (*H. Volterræ* Hort), appelé à tort Héliotrope de Voltaire (*H. Voltairianum*), est une variété de l'espèce précédente, originaire dit-on, de Volterra (Italie). Elle est caractérisée par une taille plus réduite que dans le type, par des feuilles plus grandes, plus dressées, d'un vert sombre, et surtout par des fleurs plus grandes, d'un bleu foncé, maculées de blanc. Cette plante paraît avoir servi de point de départ aux nombreuses variétés à fleurs bleu foncé, cultivées dans les collections.

Fig. 16. — Héliotrope du Pérou (port de la plante).

L'H à grandes fleurs H. en corymbe. (*H. corymbosum* R. *et* PAV. — *H. grandiflorum* DON.), est originaire du Pérou, annuel en plein air, ligneux et vivace en serre. Cette plante diffère nettement de l'Héliotrope du Pérou ordinaire, par une végétation plus vigoureuse, des feuilles plus larges; par des cymes plus amples, formées de fleurs plus grandes, plus claires et moins odorantes. Il a donné naissance à une variété à fleurs doubles.

L'H. odorant (*H. suaveolens*) est une espèce peu cultivée chez nous, capable de résister à la rigueur des hivers de Russie, où elle est cultivée dans les jardins et recherchée, à cause de ses fleurs blanches très parfumées.

I. Variétés de l'H. du Pérou.

Héliotrope **Triomphe de Liège**.

Variété vigoureuse et très remarquable, cultivée

Fig. 17. — Héliotrope du Pérou (rameau fleuri).

encore beaucoup pour l'approvisionnement des marchés. Feuillage grand, abondant, fortement velu, fleurs odorantes, d'un bleu gris pâle. Se reproduit assez bien par la voie du semis.

Héliotrope **Roi des Noirs**.

Cette jolie variété se distingue de toutes les autres connues par la teinte très foncée et presque noire de ses tiges et de ses feuilles, et par la couleur violet foncé intense de ses fleurs. Elle est très florifère, très remontante, de taille moyenne et aussi très odorante. Ses mérites réunis en ont fait une des variétés de ce genre les plus cultivées pour la décoration des jardins et la culture en pots. L'ensemble foncé des feuilles et des fleurs la font employer souvent comme plante à feuillage coloré, pour former de jolis contrastes avec d'autres espèces à feuillage blanchâtre ou à fleurs claires ou éclatantes auxquelles cette plante sert de repoussoir. Sa coloration est plus accentuée en plein soleil, en plein air et en pots, qu'à l'ombre et en serre. Elle a de plus l'avantage de se reproduire à peu près identiquement par le semis.

II. Variété de l'héliotrope a grandes fleurs. H. à fleurs en corymbe.

Héliotrope à **grandes fleurs doubles** (*H. grandiflorum plenum Hort.*). Cette variété, obtenue par M. Gerbeaux, horticulteur à Nancy, se distingue par de grandes fleurs doubles, violet lilacé, à grand centre blanc.

L'Héliotrope à grandes fleurs est considéré par certains auteurs comme une simple variété de l'espèce précédente, n'en différant que par une amplification générale des caractères végétatifs ; et, si elle en est vraiment distincte, pourrait être considérée comme le type d'où sont sorties les variétés qui précèdent.

Les Héliotropes sont des végétaux variant naturellement par la voie du semis, puisqu'à de rares exceptions près, les graines ne produisent pas des individus semblables à leurs parents. Aussi les innombrables variétés de ce genre qui se succèdent dans le commerce depuis un certain nombre d'années nous paraissent-elles être de simples variations remarquables à un titre quelconque et obtenues par une sélection rigoureuse et bien raisonnée de porte-graines. Nous inclinons fortement à croire qu'il n'y a dans les variétés obtenues aucun résultat de fécondation croisée, mais bien le produit de choix faits avec discernement et connaissance ; nous citerons seulement comme hybrides les Héliotropes géants de Lemoine, de Nancy, qui proviennent, dit-on, de la fécondation des *Heliotropium peruvianum* et *incanum*.

Quelques horticulteurs français se sont adonnés au semis d'Héliotropes et ont obtenu des résultats remarquables qui ont entièrement changé ces Borraginacées, au point qu'il est presque impossible de croire dérivées du même type les belles variétés connues aujourd'hui. Nous citerons parmi les semeurs de ces plantes : MM. Lemoine, Gerbeaux, Rozain, Délaux, etc., et surtout M. Bruant, de Poitiers, qui a créé de toutes pièces une race aussi méritante par sa végétation robuste et compacte que par l'ampleur des corymbes, la grandeur et l'odeur des fleurs.

Il ne faut pas oublier à ce sujet que le parfum est la moitié au moins des mérites de cette plante. Le lecteur comprendra qu'il nous est impossible de donner la liste de toutes les variétés obtenues depuis quelques années, à l'étranger et surtout en France ; disons seulement qu'aujourd'hui la race Bruant est la plus employée et la plus justement estimée pour la culture en pots, en plein air, et pour la floraison hivernale ; la race géante de Lemoine, au contraire, est plutôt apte à former des Héliotropes capités (à haute tige).

Sous cette dénomination de race Bruant, du nom de son obtenteur, on désigne une série d'Héliotropes entièrement différents de ce que l'on possédait en culture avant leur apparition. Ces plantes se recommandent par une végétation vigoureuse mais compacte, un port nain ou demi-nain, ramifié, une floraison continuelle en plein air l'été et en serre l'hiver, par des corymbes amples formés de fleurs généralement grandes, fortement pédonculés et s'épanouissant bien au-dessus du feuillage.

La variété **Madame Bruant**, que montre si fidèlement la gravure ci-jointe, est le type primitif qui a donné naissance à toute une série de plantes intéressantes ; et, dans ces derniers temps, nous a dit M. Bruant, « nous avons porté nos efforts sur la

Fig. 18. — Héliotrope Madame Bruant.

création d'une race à végétation plus ou moins robuste tout en conservant les qualités primordiales : l'ampleur des ombelles, la grandeur des fleurs, etc. »

Nous donnons ci-dessous la liste des variétés nouvelles obtenues et mises dans le commerce par cet horticulteur, avec une brève description empruntée à son catalogue ; elles sont classées suivant leur date d'obtention (1) :

Madame Emma Brouillet. Corymbes immenses, violet foncé rougeâtre, bien étalés au-dessus du feuillage.

Madame Georges Labrie. Très larges fleurs, belle nuance de violet rougeâtre.

Madame Gustave Henry. Forts corymbes de fleurs les plus grandes du genre, d'un beau coloris violet mauve avec un large centre blanc.

Madame Victor Claverie. Végétation droite, gros corymbes élégants, lilas rosé à centre blanc.

Madame Laulanié. Végétation compacte, corymbes énormes, bleu mauve à centre blanc ; parfum très prononcé.

Mélopée. Forts corymbes, violet rosé à centre plus clair, joli coloris.

Mistral. Rose et lilas à reflets rosés, corymbes moyens ; très joli.

Madame Daurel. Violet rosé à centre blanc, odeur exquise, végétation compacte ; recommandable pour massifs.

Dalila. Variété remarquable par son beau coloris violet rouge.

Madame René André. Port compact, feuillage d'un

(1) Nous laissons naturellement à l'obtenteur la responsabilité des descriptions qui suivent.

beau vert, corymbes immenses, violet indigo intense à reflets pourprés : c'est l'Héliotrope le plus foncé connu. Recommandable pour massifs.

Voie lactée. Gros corymbes, larges fleurs, blanc perle azuré.

Wagner. Violet foncé à œil blanc, belle végétation droite.

Emile Gautier. Beau port droit, plante florifère, violet clair rosé, grand centre blanc.

Irène. Gros corymbes, blanc perle lilacé, beau port.

Ovide. Corymbes énormes, lilas, centre blanc, plante robuste.

Berlioz. Forts corymbes, mauve clair azuré.

Le Nil. Boutons vert mousse ; les fleurs épanouies sont blanc bordé de lilas.

Athos. Belles et larges fleurs bleu d'acier ; rameaux droits.

Gladiateur. Violet rosé, belle couleur.

Madeleine Viaud. Belle végétation, feuillage vert noir ; tiges robustes et dressées, terminées par de très gros corymbes de larges fleurs violet intense, avec des effets pourpres à l'épanouissement.

D'après M. Bruant, c'est sans contredit le plus beau des Héliotropes violets. Recommandable pour corbeilles, massifs et culture en pots.

Madame Fillay. Plante formant d'énormes touffes basses avec de larges corymbes réguliers, bombés d'abord lilas clair, passant au blanc, s'épanouissant tous à la même hauteur. Recommandable pour corbeilles et culture en pots.

Madame Valdenaire. Placée à côté de variétés bleues et violettes, celle-ci en diffère complètement et appelle l'attention par son coloris relativement rose, très séduisant et tout particulier.

Rêve bleu. Végétation robuste et ramifiée, gros corymbes de larges fleurs bleu mauve, centre lilas ; bel ensemble de floraison.

Comtesse de Ségur. Végétation remarquable, rameaux gros et raides, beau feuillage chagriné, corymbes énormes de fleurs de la plus grande dimension, blanc perle bordé lilas tendre, œil jaune clair. Très beau.

Le Czar. Plante vigoureuse, à rameaux noirs inflexibles, n'ayant pas besoin de tuteurs, corymbes immenses de fleurs violet intense, œil blanc. Très belle variété pour centre de massifs.

Le Poitevin. Variété hors ligne, robuste, demi-naine, conservant, pendant toute la saison, l'ampleur extraordinaire de ses corymbes formés de fleurs de la plus grande dimension, violet mauve azuré, à reflets rosés, centre plus clair. Recommandable pour les massifs et la culture en pots.

Le Cid. Végétation demi-naine, robuste ; larges corymbes de fleurs les plus grandes connues, d'abord mauve, passant au lilas tendre rosé par gradations successives ; œil jaune clair. Coloris remarquable et très séduisant.

Jeanne d'Arc. Plante assez élevée à rameaux rigides, larges corymbes de fleurs blanc pur. C'est la première variété d'Héliotrope ayant les fleurs réellement blanches.

Ouragan. Plante robuste à tiges grosses et fermes, assez élevée ; très larges corymbes de grandes fleurs violet indigo à œil blanc. Recommandable pour planter au centre des massifs.

Parmi les nouveautés obtenues par M. Délaux, nous signalons :

Simon Délaux. Corymbes amples de très larges fleurs rose violacé, large centre blanc pur.

Guillaume Délaux. Fleurs violet noir éclairé pourpre belle végétation.

Rosa Délaux. Corymbes énormes, violet noir pourpré, centre blanc.

Madame Rigal. Corymbes énormes de fleurs très grandes, blanc éclairé lilas; plante basse, belle tenue.

Enfin, nous recommandons les anciennes variétés d'Héliotropes dont les noms suivent; elles sont suffisamment différentes les unes des autres soit comme végétation, couleur, parfum.

Roi des bleus.
Mme Vilgrain.
White Lady.
Mme Bruant.
Caméléon.
Bouquet parfumé.
Le Clain.
Mélusine.
Le Géant.
Jane Duran.
Lewis Castle.
Bouquet blanc.
Mrs. Branican.
Picciola.
Beauté poitevine.
Trophée.
Esmeralda.
Griselidis.
Colomba.
Mme Dubouché.
Espartero.

Asmodée.
Festival.
Adamson.
Mélodie.
Van Dyck.
Eden.
Aïda.
Lutin.
Ibsen.
La Perle.
Mme de Bussy.
Mme Alfr. Carrière.
Mireille.
Comtesse Diane.
Crampel.
Comtesse de Lorencez.
Mme de Sévigné.
Cupidon.
Mme Barnsby.
Mme Arthur Gué.
Cérès.

Le Sphinx. Roumanille.
Jouvenette.

M. Lemoine, de Nancy, a obtenu par hybridation des *Héliotropium peruvianum et incanum* une race qui se distingue par la dimension extraordinaire de ses corymbes, atteignant jusqu'à 40 centimètres de largeur, et par la haute taille et la vigueur de ses tiges. Toutes les nuances du gris blanchâtre au violet et à l'indigo, se trouvent représentées chez les variétés de cette série.

Culture.

Semis, repiquage. — Ce moyen de reproduction des Héliotropes a des inconvénients et des avantages qu'il est nécessaire de bien connaître, pour l'employer avec raison. Les défauts que l'on reproche à la voie du semis sont les suivants : par suite de l'extrême variabilité de leurs caractères végétatifs et floraux, ces plantes ne se reproduisent presque jamais intégralement par le moyen de leurs graines ; il est donc impossible de propager les variétés horticoles par ce procédé, ce qui oblige à recourir à la multiplication par boutures. Néanmoins, des variétés comme Roi des noirs, Triomphe de Liège, Madame Bruant, gardent assez bien dans leur descendance leurs caractères distinctifs et, par la suite, peuvent être multipliées par leurs graines. On reproche en outre à celles-ci, et avec raison, d'être d'une levée capricieuse et partant de donner un résultat incertain, inégal, inconvénients que l'on s'évite en pratiquant le bouturage.

Deux avantages importants compensent les inconvénients du semis : cette même variabilité, qui empêche les Héliotropes de se reproduire identiquement par leurs graines, est la cause naturelle qui amène à créer de nouvelles variétés élevées à ce rang par des caractères ou des mérites remarquables à un titre quelconque ; nous avons déjà dit que notre opinion sur l'origine des variétés commerciales de ces plantes, est qu'elles ont été obtenues généralement par variation plutôt que par la fécondation artificielle croisée. C'est pourquoi nous recommandons, surtout aux amateurs, d'essayer la reproduction des Héliotropes par le semis ; les plantes en provenant sont toutes très vigoureuses, et parmi un certain nombre de pieds médiocres il s'en trouve toujours quelques beaux à un point de vue particulier ou général. Le semis permet avec cela de traiter cette Borraginacée comme une plante annuelle, puisque, semée sur couche au printemps, elle arrive à tout son développement pendant la belle saison ; il dispense en même temps d'avoir une serre pour l'hivernage, et les plantes qu'il produit sont bien plus vigoureuses et plus florifères que celles obtenues de boutures.

Voici comment on le pratique :

En février-mars, en serre à multiplication ou préférablement sur couche chaude, on sème les graines d'Héliotropes en terrines remplies d'un compost formé par tiers de terre de bruyère, terreau de couche et sable, bien mélangé et reposant sur un bon drainage. Les graines sont enterrées légèrement, et nous conseillons d'épandre sur la surface de la ou des terrines une légère couche de poussier de charbon de bois ou de cendres fines, qui a l'avantage d'empêcher la venue si rapide des mousses qui infectent généralement les semis de plantes dont la levée est longue et successive. La germination des Héliotropes est capricieuse et se succède presque toujours pendant plusieurs mois. Il convient dans ce cas d'arroser avec modération les terrines pour ne pas faire pourrir les graines. Les soins généraux consistent à entretenir une bonne température régulière, une chaleur concentrée, et si les semis ont été faits sur couche, à éviter l'excès d'humidité à l'intérieur des coffres en aérant légèrement vers le milieu du jour pendant que le soleil a de la force. A mesure que les graines lèvent, on repique les jeunes plants en terrines, à deux centimètres en tous sens, dans un compost formé de 1/2 terre de bruyère et 1/2 terreau additionné d'un peu de sable ; ces terrines sont placées sur couche chaude ou en serre chaude et soignées comme il est dit pour les *Coleus*.

Lorsque les plants se touchent, il faut les empoter en petits godets de 8 à 10 centimètres de diamètre, dans un sol formé par tiers de terre de bruyère, terreau pur et terre franche de jardin, additionnés d'un dixième de sable. On enterre ces godets sur couche tiède, jusqu'au moment de la plantation, qui a lieu généralement, sous le climat de Paris, du 1er au 15 mai. Si les plantes ne sont pas destinées à former des tiges, il faut les pincer à une certaine hauteur pour les faire ramifier et leur donner de la vigueur.

On les habitue en même temps progressivement à l'air libre en aérant largement et en ôtant les châssis les quelques jours qui précèdent la plantation. Il est naturel que l'on aura repiqué à mesure tous les Héliotropes qui auront levé depuis le premier repiquage et qu'on les aura empotés dès qu'ils en ont eu besoin.

Bouturage. — Ce moyen de multiplication permet de reproduire les variétés d'Héliotropes avec tous leurs caractères, et, à ce point de vue, doit être préféré au semis, puisqu'il fait obtenir facilement un nombre voulu de plantes de la même sorte, résultat que l'on recherche surtout pour la formation de bordures où l'uniformité de taille et de coloris est préférable. C'est donc par ce procédé que l'on propage les nouveautés qui apparaissent dans le commerce.

On peut bouturer en toute saison, mais on choisit de préférence l'automne en employant les rameaux aoûtés de l'année, ou le printemps, en se servant de parties herbacées que l'on aura fait pousser en serre chaude.

Bouturage d'automne : En août-septembre on choisit, sur les pieds que l'on veut multiplier, des rameaux non pourvus de boutons à fleurs, un peu aoûtés, longs de 5 à 6 centimètres. On les coupe sous un nœud en retranchant les feuilles de la partie qui doit être enterrée ; ils sont piqués ensuite, soit en terrines, en terre de bruyère très sableuse, et recouvertes ensuite de cloches, soit à même le sol sur une plate-bande ombragée, dans un terrain léger et sableux, à l'air libre, ou sous châssis à froid. Nous employons le même procédé que pour le bouturage des Calcéolaires ligneuses (voir cet article). De quelque façon que l'on ait opéré, un bassinage léger est donné aux boutures après la plantation. La reprise est facile et assez rapide, et l'on reconnait que les boutures sont enracinées lorsque la végétation se développe. On les empote alors en godets de 8 à 10 centimètres de diamètre, dans le compost préparé pour ces plantes, qui sont placées ensuite quelques jours sous châssis, à l'étouffée, pour la reprise, puis elles sont pincées. Si on ne dispose pas de beaucoup de place pour l'hivernage on peut laisser en terrines les boutures pas trop vigoureuses qui, au printemps suivant, seront séparées, plantées en pots comme il est dit plus haut, et placées sur couche pour la reprise.

Les Héliotropes sont rentrés en serre froide où dans un lieu éclairé quelconque à l'abri du froid et de l'humidité. Les soins d'hiver consistent à tenir les plantes très propres et surtout à ménager les arrosements. Les boutures destinées à former des plantes à tige doivent être transportées en serre chaude ou tempérée, où on les tient tout l'hiver en végétation, les arrosant et les rempotant à mesure du besoin.

Les boutures d'automne conviennent pour faire des sujets capités et des plantes pour la culture en pots et la floraison hivernale; elles peuvent servir aussi de porte-boutures pour le bouturage de printemps, ou être plantées en pleine terre qui leur fera acquérir un beau développement.

Bouturage de printemps : Le bouturage fait à cette époque a surtout pour but la production de plantes destinées à la pleine terre, pour la garniture estivale des jardins. A cet effet, dès février, on transporte en serre chaude ou l'on place sur couche des vieux pieds rabattus ou des boutures d'automne pincées, qui émettront rapidement des rameaux herbacés que l'on emploie comme boutures. Dès que ceux-ci ont une longueur suffisante, on les coupe et les pique en serre ou sur couche, en terrain très léger et sablonneux, à l'étouffée. La reprise est très rapide; les boutures sont empotées en godets, sitôt enracinées, et placées sur couche chaude. Un pincement les fait ramifier;

Les plus vigoureuses sont rempotées une fois. Par une aération graduelle on habitue les plantes à l'air libre, comme on le fait pour les sujets obtenus par graines. Ce moyen permet d'obtenir facilement une grande quantité de plantes qui fleuriront pendant toute la saison en pleine terre.

Culture en pleine terre. — Les Héliotropes sont aujourd'hui d'un emploi général dans tous les jardins où on les emploie à la décoration des plates-bandes, des corbeilles, des parterres, des bordures; les sujets capités peuvent être isolés sur les pelouses, ou en pots ou caisses orner les terrasses, les balcons, etc.

Comme plantes de corbeilles, ces végétaux peuvent être associés à tous les genres qui sont en faveur actuellement; leur extrême floribondité et les différentes teintes de leurs fleurs ou de leur feuillage permettent de les faire entrer dans presque toutes les combinaisons de couleurs. C'est surtout dans les plantations en *mélange* qu'ils rendent de signalés services, par leur couleur généralement foncée ou sombre qui fait valoir avantageusement les fleurs à coloris clair ou brillant qui les avoisinent. Les Calcéolaires ligneuses jaunes, les Pélargoniums zonés, les Bégonias tubéreux, les Lantanas gagnent surtout à être plantés à côté d'eux. Enfin, ou plutôt surtout, leur odeur douce et agréable les fait répandre dans tous les jardins, principalement dans le voisinage des habitations. Ils fournissent aussi tout l'été des rameaux à couper pour bouquets, gerbes, garnitures de table, etc.

Ils aiment un terrain riche, fertile, et prospèrent mieux à une exposition chaude, découverte et abritée, qu'à l'ombre.

La plantation se fait dès que les gelées ne sont plus à craindre, c'est-à-dire à partir du 1er au 15 mai, suivant les années, sous le climat de Paris. La distance à observer entre les pieds varie suivant l'âge ou la force des plantes et la vigueur de végétation des variétés. Les plantes de semis, devenant plus vigoureuses que celles obtenues par boutures, devront occuper le centre si on plante en corbeilles, ou être mélangées à des végétaux assez hauts de taille : 0 m. 75 à 1 mètre de hauteur et plus. Les corbeilles doivent être plantées avec une seule variété ; si on veut en employer plusieurs, il faut les placer par rangs concentriques, suivant leur taille. Au moyen du pincement il est facile de maintenir la végétation à une certaine hauteur ; il rend aussi les plantes plus floribondes. Un bon arrosage est donné, la plantation faite, et quelques jours après un paillis abondant est étendu autour des plantes afin de maintenir le sol frais. Pendant l'été les soins consistent à maintenir la végétation régulière, à supprimer les fleurs passées à mesure pour que les plantes ne s'épuisent pas en graines ; des arrosements copieux et suivis procurent un développement luxuriant aux Héliotropes, mais leurs fleurs ne sont pas alors si nombreuses et si parfumées que celles venues sur des sujets non arrosés ou plantés dans un terrain un peu aride et maigre.

Le choix de plantes pour la culture en pleine terre doit se porter sur des variétés fleurissant abondamment, à coloris plutôt foncé dans les bleus et les violets, ou bien tout à fait blancs. La race Bruant est venue à propos fournir des variétés remarquables par une végétation particulière, courte et ramifiée, une floraison continuelle, des corymbes larges, fortement pédonculés et dressés verticalement au-dessus du feuillage. Les variétés demi-naines sont préférables pour les massifs et les grandes corbeilles ; celles naines pour les bordures ou en mélange avec d'autres végétaux.

Voici un choix de variétés recommandables :

I. Variétés demi-naines a fleurs blanches.

White Lady. Variété anglaise à gros corymbes de fleurs blanches, très odorantes ; plante vigoureuse mais de végétation compacte.

Bouquet blanc (Bruant). Plante robuste, à ramifications nombreuses et érigées, se terminant par de larges et élégants corymbes de fleurs bien blanches et très odorantes.

II. Variétés demi-naines a fleurs bleues et violettes.

Bouquet parfumé. Plante trapue, port érigé, tiges raides terminées par de très gros corymbes du plus beau bleu indigo foncé, à centre blanc ; parfum accentué.

Madame Barnsby (Bruant). Plante robuste, rameaux droits ; tiges noires, feuillage vert foncé à surface chagrinée ; très larges corymbes s'étalant au-dessus du feuillage ; fleurs d'un beau violet riche, à œil blanc. L'un des plus beaux Héliotropes violet foncé.

Picciola (Bruant). Variété très rustique, formant des plantes compactes et ramifiées ; gros corymbes de fleurs violet rosé à centre blanc. Très remarquable.

Madame René André (Bruant). (Voir description, page 107.)

Roi des bleus. Jolie variété ancienne à fleurs bleues, toujours très appréciée, ainsi que la suivante.

Roi des Noirs. (Voir description page 103.)

III. Variétés naines a fleurs bleues et violettes.

Madame Bruant (Bruant). Taille moyenne, vigoureuse, ramifiée, très florifère et bien odorante, remarquable par sa précocité qui devance d'au moins trois semaines celle des autres variétés. Corymbes nombreux d'un beau bleu violet à centre blanc. Se reproduit assez fidèlement par le semis des graines. Variété très justement recherchée.

Madame Arthur Gué (Bruant). — Plante vigoureuse; végétation compacte; corymbes volumieux se dressant au-dessus du feuillage; fleurs grandes d'un beau bleu de violette avec centre blanc nettement dessiné, odeur exquise. Floraison incessante.

Madame Daurel (Bruant). — Végétation compacte; très gros corymbes violet rosé, d'une jolie nuance.

Nous citerons encore : **Madeleine Viaud**, **Madame Fillay**, **Madame Valdenaire**, **Le Czar**, **Le Poitevin**, **Ouragan**; cette dernière variété est de taille assez élevée.

Les Héliotropes à haute tige cultivés en pleine terre doivent être relevés avant les froids, empotés en grands pots ou en caisses et hivernés, en orangerie ou en serre froide, à l'abri de la gelée et de l'humidité. Arrosements presque nuls en hiver, taille au printemps et plantation en pleine terre. Nous avons vu des horticulteurs fleuristes cultiver l'Héliotrope en planches, et, en automne, entourer les coffres et recouvrir de châssis, couverts la nuit, de paillassons afin d'empêcher la gelée. On cueillait ainsi des fleurs jusqu'en décembre, si la saison n'était pas trop froide.

On peut relever de pleine terre à l'automne les pieds des variétés que l'on tient à conserver, les empoter ou les placer sous un gradin ou une tablette, en les tenant presque secs jusqu'au printemps, époque où on les rempote et taille le vieux bois.

Culture en pots. — Compost, rempotage : Les Héliotropes cultivés en pots servent surtout à la garniture des appartements et des fenêtres ; ils sont une des plantes les plus recherchées à cet usage et les amateurs embaument leurs serres froides pendant l'hiver avec quelques pieds de cet arbuste. C'est même pendant cette saison et au printemps qu'ils ont le plus de valeur et se vendent le mieux sur les marchés ou cultivés pour la fleur coupée. Les sujets cultivés en pots demandent une terre légère et très fertile composée par tiers de terre de bruyère sableuse, terre franche et terreau de couche pur, le tout préparé à l'avance et bien mélangé. Les boutures d'automne sont rempotées en pots de 12 à 15 centimètres de diamètre ; un deuxième pincement est pratiqué sur les rameaux qui se sont développés après le premier. On obtient ainsi des touffes bien ramifiées, naines et bien fleuries. Les plantes sont rentrées en serre froide ou tempérée, selon que l'on veut jouir plus vite ou plus tardivement des fleurs. Les soins consistent en hiver à aérer de temps à autre, lorsque la température extérieure le permet, à tenir les plantes très propres, le plus près du vitrage pour qu'elles jouissent d'une lumière vive et abondante qui leur est indispensable.

On peut aussi dès février-mars placer les plantes sur couche chaude pour les obtenir belles plus rapidement; les soins consistent en aération, bassinages et ombrage pendant les journées ensoleillées.

A mesure que les journées deviennent plus claires et que le soleil prend de la force, on aère davantage et on stimule la végétation en arrosant de temps à autre à l'engrais liquide, comme les Calcéolaires et Cinéraires. Les rameaux sont fixés par un raphia à un tuteur de telle façon que l'ensemble présente un buisson régulier. Les variétés de Bruant sont excellentes pour la culture en pots ; elles se ramifient sans aucun pincement et fleurissent dès le printemps sur les boutures faites d'automne. Nous citerons comme des plus remarquables :

Madame Bruant (bleu).

Beauté Poitevine (bleu de ciel).

Madame J. Dubouché (violet intense, feuillage vert sombre).

Madame Alfred Carrière (bleu d'acier).

Bouquet blanc (blanc pur).

Madame Barnsby (violet foncé intense).

Madame Arthur Gué (bleu de violette).

Madame Gustave Henry (violet mauve).

Madame Laulanié (bleu mauve .

Madame René André (violet indigo intense).

Les Héliotropes se prêtent aussi facilement à toutes les formes que l'on veut bien leur faire prendre ; on les élève en pyramides, en fuseaux et surtout en sujets capités, à tige plus ou moins haute ; c'est même cette forme qui est la plus recommandable et la plus rapide à obtenir.

Voici comment : En août on fait des boutures des variétés que l'on veut élever sur tige ; après la reprise on les empote en godets que l'on replace quelque temps sous châssis pour la reprise ; on les transporte après dans une serre tempérée ou chaude où on les tient constamment en végétation. On rempote en pots de 12 à 15 centimètres quand le besoin s'en fait sentir. On laisse le rameau unique s'allonger jusqu'à la hauteur voulue, puis on le pince au-dessus d'une feuille en lui laissant développer 4 à 6 bourgeons latéraux qui seront pincés à leur tour lorsqu'ils auront atteint quelques centimètres. Un bon tuteur est nécessaire pour soutenir la tige. On obtient ainsi assez rapidement une tête arrondie ; lorsqu'elle est formée, on transporte les plantes dans un lieu un peu plus froid pour faire aoûter les rameaux. Ces sujets en arbre peuvent durer plusieurs années et se comporter en pots relativement petits, en les arrosant souvent à l'engrais liquide, en réduisant la motte chaque année au moment du rempotage qui devra être fait avec un compost très riche. Les soins ultérieurs consistent à maintenir la végétation de la tête bien régulière, au moyen de pincements faits à temps. Pour cette culture on se trouve bien d'employer les variétés à taille élevée, principalement les Héliotropes géants de Lemoine ; nous citerons à ce sujet :

Colosse (Lemoine). Fleurs bleues à centre blanc, larges corymbes.

Goliath (Lemoine). Corymbes très forts, violet clair rosé.

Ninon de Lenclos (Lemoine). Corymbes énormes, rose bleuâtre.

Bérénice (Lemoine). Corymbes forts, blanc rosé.

Madame Barbez (Nozain). Corymbes moyens, bleu-lilas à centre blanc.

Le Géant (Bruant). Corymbes énormes, violet rosé à centre blanc.

Les plantes élevées sur tige peuvent très bien être placées en pleine terre pendant l'été, relevées en motte et hivernées en serre avant les gelées. Elles sont susceptibles d'atteindre de grandes dimensions et de durer très longtemps avec des soins particuliers.

On voit que la culture des Héliotropes est facile et qu'ils dédommagent amplement par leur floribondité et leur odeur des quelques soins qu'ils demandent.

Les engrais sont surtout utiles aux plantes cultivées en pots, où la nourriture est limitée, car ces végétaux sont très voraces. On peut employer avec succès les divers engrais que nous avons recommandés pour les genres précédents, à la même dose et pendant toute la végétation des plantes. Il faut prendre soin de ne pas mouiller le feuillage en arrosant avec les matières fertilisantes, et si cela arrivait, il faudrait bassiner les feuilles souillées immédiatement, afin d'éviter les brûlures.

Des bassinages à l'eau de pluie peuvent être donnés de temps à autre sur le feuillage, pendant les journées ensoleillées, à partir de mars-avril, mais il faut les cesser dès que la floraison commence.

Il faut éviter autant que possible que les Héliotropes en pots aient soif, car le feuillage se grille et tombe et la plante en meurt bien souvent. Enfin, comme règle générale, il est bon de laisser reposer les vieux pieds pendant la saison hivernale, en ne les arrosant que très peu ; au bout d'un certain temps d'ailleurs, ils ne donnent plus que des corymbes petits et des rameaux sans vigueur, eu égard à ceux que l'on obtient sur les plantes jeunes.

Il nous reste maintenant à traiter la culture des

Héliotropes au point de vue de la floraison hivernale, qui rend tant de services aux horticulteurs pour la fleur coupée et procure tant d'agréments aux amateurs, en leur donnant, en hiver, des fleurs aussi abondantes et parfumées que pendant l'été.

Voici comment nous procédons : A partir du 1er juillet jusqu'à la fin d'août nous bouturons tous les quinze jours les variétés choisies pour donner des fleurs en hiver. Nous espaçons ce travail de façon à avoir des fleurs de novembre à février. Les boutures une fois reprises sont empotées en godets de 8 centimètres de diamètre dans le compost aux Héliotropes. Un pincement est donné sitôt leur reprise dans les godets. Lorsque les plantes sont ramifiées, on les rempote en pots de 12 à 15 centimètres, suivant leur vigueur. Les pots sont enterrés dans le terreau, sous châssis, et on donnera beaucoup d'air afin de faire mûrir le bois.

Dans les premiers jours d'octobre on fait une couche tiède pouvant donner 15 à 16° centigrades, sur laquelle on place les pots enfouis dans le terreau. Les plantes commencent alors à boutonner. Lorsqu'elles sont prêtes à fleurir, on les rentre en serre tempérée, 13-15° centigrades, où elles donneront une belle floraison. Comme il est préférable de ne pas avoir toutes les plantes fleuries en même temps, nous conseillons de tenir un peu au froid (en serre froide) celles destinées à fournir la seconde saison, et de ne les rentrer qu'à mesure des besoins dans la serre tempérée. Il est du reste facile d'avancer ou de retarder la floraison en donnant plus ou moins de chaleur, il est néanmoins prudent de ne pas dépasser 15° centigrades : car alors les plantes s'étiolent, les fleurs deviennent plus pâles et se conservent moins longtemps.

Nous recommandons de ne choisir pour cette culture que des variétés vigoureuses, bleues ou violettes, très foncées de coloris, on obtient un meilleur résultat qu'avec les fleurs claires. Enfin, on peut aussi obtenir une floraison hivernale avec des vieux pieds, mais la floraison est beaucoup moins belle, et les rameaux généralement courts et maigres ne peuvent convenir pour bouquets ou garnitures.

On voit que l'Héliotrope est d'une culture attrayante et facile, qu'il est possible de l'avoir en fleurs aussi bien en hiver qu'en été, qu'il est aussi propre à décorer et embaumer les jardins que les serres, les appartements et les fenêtres; c'est une de ces rares plantes que ne peut pas discréditer la Mode, car elle a pour elle le parfum, et l'homme ne rejette pas ce qui flatte ses sens.

PRIMEVÈRES

Caractères botaniques. — Les Primevères (*Primula L.*: étym. *primus*, premier, par allusion à la précocité des fleurs.) appartiennent à la famille des Primulacées, où elles forment la série des Primulées. Nous n'avons à nous occuper ici que d'une espèce : la Primevère de Chine, *Primula sinensis* Lindl. (Syn. *P. prænitens* Bot. Reg.). Le nom spécifique de la plante indique sa patrie, elle y est vivace, elle l'est également chez nous, si on la soustrait aux rigueurs de nos hivers. C'est une herbe à tige souterraine (rhizome), vivace, porteuse de nombreuses racines adventives, qui nourrissent la plante après la destruction assez précoce de la racine proprement dite. La portion aérienne de la tige est très réduite; elle porte des feuilles basilaires (dites à tort radicales), longuement pétiolées, recouvertes de poils visqueux, longs, presque cordiformes, à bords ondulés ou lobés (6 à 12 lobes, eux-mêmes irrégulièrement dentés); le pétiole et les nervures principales sont ordinairement teintés de rougeâtre; la même teinte se rencontre aussi fréquemment à la face inférieure du limbe, dont la face supérieure est d'un vert très frais.

Les fleurs sont disposées en grappes ombelliformes munies de bractées foliacées, dont les plus externes simulent une sorte d'involucre (les plus extérieures divisées en 3-5 lobes frangés; les lobes latéraux disparaissent peu à peu à mesure que l'on observe des bractées plus rapprochées du centre de l'ombelle; les bractées les plus internes sont entières, à peine frangées, lancéolées au sommet des hampes, dégagées de l'aisselle des feuilles inférieures, longues de 20 à 30 centimètres. Cette forme d'inflorescence en ombelles est assez fréquemment réalisée dans les variétés dérivées du type primitif; mais, chez ce dernier, la nature de l'inflorescence est quelque peu différente : les hampes florales y portent, en effet, suivant la vigueur des plantes, de 1 à 3 verticilles floraux, quelquefois plus; chaque verticille est entouré d'une sorte d'involucre de bractées foliacées, (lobées et frangées dans les verticilles inférieurs, entières et lancéolées ou presque linéaires dans les verticilles supérieurs). Cette inflorescence se ramène en somme à la précédente, Chaque soi-disant verticille est en réalité une petite ombelle; l'inflorescence est encore une grappe contractée, mais dont les entrenœuds, au lieu de rester tous très courts, presque nuls, comme dans l'ombelle type, voient certains d'entre eux s'allonger anormalement : l'inflorescence est alors une ombelle à plusieurs étages (on la dit, en langage horticole, en panicule pyramidale à candélabres superposés.

Les pédicelles floraux sont uniflores, étalés, et comme rayonnants à mesure que leurs fleurs s'épanouissent.

Les fleurs sont régulières, hermaphrodites, à réceptacle convexe. Le calice gamosépale est enflé, vésiculeux à sa base, couvert de poils visqueux, partagé, à sa partie supérieure, en cinq petites dents, dressées, imbriquées dans la préfloraison. La corolle gamopétale, infundibuliforme, a un tube grêle dont la largeur surpasse peu celle du calice ; sa gorge contractée, légèrement plissée, est pourvue d'un léger épaississement glanduleux, circulaire ; le limbe, large de 25 à 30 millimètres, est étalé, d'un joli rose, sa portion centrale est occupée par un « œil » (qui occupe au plus le quart ou le cinquième de sa surface), d'un jaune clair, nuance de jaune d'ocre, il est partagé en cinq lobes, arrondis, échancrés en cœur au sommet, à préfloraison imbriquée.

Les étamines, au nombre de cinq, insérées sur la corolle, sont superposées à ses divisions, formées d'un filet court et d'une anthère incluse, biloculaire, introrse, déhiscente par deux fentes longitudinales. L'ovaire, supère, est uniloculaire, surmonté d'un style, à sommet stigmatifère, renflé en tête. Un placenta central libre est chargé d'ovules, presque toujours incomplètement anatropes, à micropyle extérieur et inférieur.

Le fruit est une capsule, déhiscente supérieurement en cinq valves, renfermant de nombreuses graines, à téguments ponctués en dehors, à albumen charnu et dur, dont l'axe est occupé par un petit embryon, à peu près parallèle au plan de l'ombilic; le calice est persistant et accrescent autour du fruit.

Un trait spécial de l'organisation florale des *Primula*, et en particulier des *P. sinensis*, intéresse tout particulièrement l'horticulteur, en raison de son influence sur la fécondation de ces plantes. Il s'agit de l'*hétérostylie dimorphe*, dont tout hybridateur doit tenir compte, Dès 1794, Persoon aurait remarqué que *Primula veris* se présente sous deux formes, différentes l'une de l'autre, par la longueur des pistils et des étamines. Dans l'une, dite *dolichostylée*, le pistil arrive à la gorge de la corolle, tandis que les étamines dépassent à peine la moitié de son tube. Dans l'autre, dite *brachystylée*, les étamines sont apparentes à la gorge de la corolle, tandis que le pistil n'arrive pas à la moitié du tube. Il y a encore une autre différence entre ces deux formes : le pollen des fleurs brachystylées a des dimensions plus grandes que celui des fleurs dolichostylées (dans le rapport de 100 à 67). C'est Darwin, on le sait, qui a fait une étude spéciale de ce phénomène de l'hétérostylie. Les anthères et le stigmate se trouvant, dans les fleurs, à des niveaux très différents, la fécondation des ovules d'une fleur par le pollen de la même fleur (autofécondation) est fort difficile. Il ne peut y avoir chute normale de pollen sur les stigmates. La fécondation s'effectue donc normalement entre fleurs différentes (fécondation croisée), et par l'intermédiaire des insectes. Il est facile de comprendre que lorsqu'une abeille, par exemple, visitera, pour y recueilllir le nectar, une fleur brévistylée, sa tête se chargera de pollen, sitôt qu'elle affleurera à la gorge de la corolle; vient-elle alors à visiter une fleur longistylée, sitôt qu'elle l'abordera, le pollen sera déposé sur le stigmate.

Le *P. sinensis*, plante de serre, ne peut être fécondée que par les insectes : la fécondation artificielle doit donc être pratiquée sur elle par l'horticulteur désireux d'en obtenir des graines.

Variations tératologiques. — Les Primevères sont naturellement sujettes, dans les cultures, à des variations spontanées, dont plusieurs, fixées par sélection, ont donné naissance à des races normales. La nature de ces variations est donc intéressante à établir.

Le nombre des lobes de la feuille est variable, mais assez restreint dans *P. sinensis* type. Ce nombre peut augmenter, par différenciation de nouveaux lobes, à la base du limbe : la forme de ce dernier devient alors plus allongée ; en même temps, le nombre des dents de chaque lobe est aussi susceptible d'augmentation, et la feuille devient finement frangée sur ses bords ; la race dite à feuille de Fougère (*filicifolia*) réalise ces deux variations.

Les pièces du périanthe ne sont pas autre chose que des feuilles modifiées, on le sait ; il est donc à prévoir que des variations du même ordre puissent s'y produire ; cette prévision se réalise.

Dans *P. sinensis* type, le calice se divise supérieurement en cinq dents, les sépales y sont entiers et les pétales simplement échancrés au sommet. Dans la race dite frangée (*fimbriata*), des lobes latéraux se développent de chaque côté des pièces sépalaires, qui deviennent ainsi multilobées ; le calice est déchiqueté supérieurement en nombreuses dents ; sur chaque pétale, les deux lobes différencient aussi des lobules secondaires, et lorsque le nombre de ces lobules est considérable, le bord du limbe de la corolle paraît tout à fait frangé ; ces lobules doivent naturellement s'imbriquer, pour se loger sur une circonférence donnée.

Les horticulteurs ont remarqué, depuis longtemps, que la duplicature des fleurs de *P. sinensis* pouvait s'effectuer suivant deux modes différents. Aussi avaient-ils établi deux séries dans les Primevères à fleurs doubles, la première (*var. flore pleno*) presque totalement abandonnée aujourd'hui, la seconde (*var. fimbriata flore pleno*) très abondamment cultivée maintenant.

Dans la première série, la duplicature provenait de la transformation en pièces pétaloïdes des organes sexuels, ou tout au moins des étamines. Lorsque cette duplicature était complète, elle entraînait donc la stérilité de la fleur, et la plante ne pouvait être multipliée que par marcottage ou bouturage des bourgeons latéraux, émis par la base de la tige aérienne : d'où grande difficulté à l'obtention de nouvelles variétés.

Dans la deuxième série, au contraire, l'origine de la duplicature est toute différente. Les pétales ont, chez les *Primula*, la tendance à se dédoubler (c'est-à-dire que chaque pétale peut donner naissance à deux ou plusieurs lames, superposées sur un même rayon de la fleur). Nombre de botanistes admettent que, dans les fleurs normales de Primevère, chaque étamine née avant la corolle se dédouble en dehors, et donne ainsi naissance à une pièce qui lui est superposée, et qui n'est autre qu'un lobe de la corolle. On conçoit fort bien que ce dédoublement puisse s'effectuer plusieurs fois, et qu'il y ait ainsi, sur un même rayon de la fleur, plusieurs pièces pétaloïdes superposées; les fleurs où ce phénomène se manifeste, semblent ainsi avoir deux ou plusieurs corolles emboîtées l'une dans l'autre ; les lobes de chaque corolle peuvent, d'ailleurs, subir une lobulation plus ou moins accentuée.

Ces fleurs doubles de la deuxième série ont leur androcée et leur gynécée normal ; mais la multiplication des pièces pétaloïdes a pour résultat l'obstruction de la gorge de la corolle, et la fécondation ne peut être effectuée que par l'intervention de l'horticulteur. Même fécondées, ces fleurs doubles ne donnent que peu de graines.

I. Primevère de Chine. Primevère candélabre.

La description qui précède s'applique à la plante

type qui a servi de point de départ aux magnifiques races obtenues de nos jours par une sélection incessante et laborieuse. Peu de végétaux peuvent montrer davantage que cette plante le résultat d'une longue culture et les modifications profondes que celle-ci crée avec le temps, en ébranlant la fixité spécifique.

La plante typique, à fleurs roses, a d'abord varié en produisant des variétés blanches, rouges, panachées, puis s'est créée la race à fleurs frangées, c'est-à-dire dont le bord des pétales est très finement découpé au lieu d'être entier; toutes les couleurs y apparaissent successivement; puis viennent les variétés à fleurs doubles ou pleines, frangées et non, qui se recommandent par la plus longue durée de leurs fleurs que celles des simples. Une race remarquable appelée à *feuille de Fougère* rend cette plante encore plus ornementale en lui donnant un beau feuillage; tous les coloris des Primevères de Chine ordinaires ou à fleurs frangées se succèdent rapidement. Depuis quelques années des races nommées *géantes*, dans les sections à fleurs frangées et à feuilles de fougère, surpassent toutes les autres par leur large feuillage palmé, la vigueur de la végétation et la richesse de coloris des fleurs.

Elles méritent bien leur qualificatif, eu égard à la végétation des autres races. Enfin, tout dernièrement, une sous-race appelée *spectabilis* dénomme une plante à feuilles grandes, amples, à bords frisés et crépus, à fleurs nombreuses et bien doubles; et la variété *frangée double à fleur d'Œillet* est une obtention intéressante par la grandeur et la duplicature de ses fleurs qui surpassent tout ce qui a été obtenu jusqu'ici.

Les Primevères de Chine sont si nombreuses aujourd'hui; les races ou sous-races se sont tellement multipliées, que nous avons cru devoir établir la classification suivante, d'après leurs caractères végétatifs et en les groupant selon leur dérivation.

- Primevère de Chine.
  - simple
  - double
  - à fleur frangée
    - simple
      - géante
      - à feuille de fougère (géante).
    - double
      - à feuille de fougère,
      - à fleur d'œillet très remarquable (spectabilis).

Nous allons donc suivre l'ordre établi ci-dessus, en décrivant les caractères distinctifs de chaque race et sous-race et en indiquant les variétés les plus remarquables obtenues dans chacune d'elles.

I. **Primevères de Chine à fleurs simples.** (*P. sinensis, var.*).

Les variétés de cette race sont presque complètement abandonnées aujourd'hui, remplacées qu'elles sont par les variétés à fleurs frangées dont la corolle est plus ronde, plus grande, et l'ensemble plus élégant.

Nous citerons pour mémoire les variétés suivantes :

à fleurs **blanches** ;
— **panachées** ;
— **rouge vif** ;
— **cuivrées** ;
— **rouge violacé** ;
— **rouge foncé à feuillage jaune mordoré.** —

Nouveauté dont la couleur des feuilles contraste agréablement avec le coloris foncé des fleurs.

II. **Primevères de Chine à fleurs doubles** (*P. sinensis flore pleno, var.*).

Fig. 19. — Primevère de Chine (type).

Race aussi presque abandonnée et remplacée par les variétés à fleurs frangées doubles beaucoup plus méritantes. Les mêmes coloris ont été obtenus que dans la précédente.

III. **Primevères de Chine à fleurs frangées** (*P. sinensis fimbriata, var.*).

Les plantes de cette race se distinguent nettement des précédentes par une végétation plus vigoureuse dans l'ensemble, par des fleurs plus grandes, à lobes plus larges, plus nombreux et donnant à la corolle une forme tout à fait ronde en se recouvrant par leurs côtés; les bords supérieurs sont frangés, denticulés, et quelquefois ondulés.

Des variétés aussi nombreuses que belles ont été obtenues dans cette série aujourd'hui la plus cultivée et l'une des plus jolies; c'est d'elle que sont sorties toutes les autres plantes à fleurs doubles frangées, géante, à feuilles de fougère, etc. Nous citerons, parmi les plus belles et les plus caractéristiques, les variétés suivantes :

Fig. 20. — Primevère de Chine frangée blanche (*alba magnifica*).

Frangée **blanche** (*alba magnifica*). Fleurs nombreuses, blanc pur, très grandes, œil jaune verdâtre.

Frangée **blanc carné**.

Frangée **blanc pur**.

Frangée **bleue**. Ce coloris n'est pas un véritable *bleu*, mais il s'en rapproche beaucoup.

Frangée **cuivrée.**

Frangée **lilacée marbrée** (*lilacina marmorata*). Variété très distincte et jolie, à grandes et larges fleurs blanc rosé à l'épanouissement et se teintant de plus en plus de lilas pâle bleuâtre vers le milieu de la corolle, alors que les bords restent plus pâles. Quelquefois la couleur tourne au violet lie de vin.

Frangée **Mont-Blanc.** Fleurs blanc pur très grandes; floraison abondante. Plante vigoureuse.

Frangée **panachée.**

Frangée **pourpre à cœur brun.**

Frangée **Purity**. Feuillage bronzé, grandes et belles fleurs blanc pur.

Frangée **Reine des Neiges** (blanc pur.) Très belle variété à grandes fleurs bien frangées d'un blanc éclatant.

Frangée **rose vif**. Fleurs très larges, bien frangées, d'un coloris rose carminé très vif. Plante vigoureuse.

Frangée **rouge velouté**. Fleurs très larges, rouge grenat foncé, œil jaune bien net, tiges et dessous des feuilles brun bronzé.

Frangée **rouge vif**. Très grandes et larges fleurs, d'un coloris intense et brillant. Une des plus belles variétés et des plus cultivées. Extra.

Frangée **rouge violacé** (*mutabilis*). Fleurs passant sur la même plante du rose au pourpre foncé, suivant le degré d'épanouissement.

IV. **Primevères de Chine à fleurs frangées géantes.**

Cette sous-race nouvelle, obtenue par MM. Vilmorin dans leurs cultures d'Antibes, surpasse toutes les autres par la vigueur de la végétation, la beauté et l'ampleur des fleurs. Ce sont des plantes extrêmement vigoureuses, à feuillage palmé et très développé, à hampes grosses et droites, portant des ombelles bien fournies de fleurs grandes, parfaites de

Fig. 21. — Primevère de Chine frangée.

tenue, de coloris très frais, à corolle épaisse et très frangée.

Les variétés qui suivent, décrites par leur nom, sont toutes recommandables :

Fig. 22. — Primevère de Chine frangée géante.

Frangée géante blanc pur;
— blanc carné;

Frangée **géante cuivrée;**

— **rose** (extra);

— **rose cuivré;**

— **rose vif.**

V. **Primevères de Chine frangées à feuilles de fougère.**

Cette race se distingue des précédentes par ses feuilles, non plus palmées, mais allongées et élégamment festonnées, donnant un peu l'illusion de certaines feuilles de fougère, d'où son nom. Les fleurs en sont grandes et bien frangées et l'ensemble est d'une rare élégance.

On est parvenu facilement à posséder dans cette série tous les coloris que l'on trouve dans les autres races à feuillage palmé; nous citerons les variétés suivantes comme étant les plus jolies et se reproduisant le plus fidèlement par le semis des graines. Les coloris sont décrits suffisamment :

Frangée à **feuille de** fougère **blanc pur;**

— — — **blanc carné;**

— — — **bleue;**

— — — **cuivrée;**

— — — **Gipsy**. Feuillage bronzé; fleurs larges; blanc strié et ponctué de pourpre.

Frangée à **feuille de fougère rose;**

— — — **rose tendre;**

— — — **lilacée marbrée** (*lilacea marmorata*).

Frangée à **feuille de fougère rouge violacé** (*mutabilis*).

Frangée à **feuille de fougère panachée.**

VI. **P. de Chine frangée à feuille de fougère géante.**

Sous-race remarquable, se distinguant des autres Primevères de Chine à feuille de fougère, par sa ro-

Fig. 23. — Primevère de Chine frangée à feuille de fougère (*filicifolia*).

busticité, la rigidité de ses hampes et la grandeur des corolles de ses fleurs. On possède les variétés suivantes qui sont très jolies :

Frangée à **feuille de fougère géante perfection blanche;**

— — — — **blanc carné;**

— — — — **rose.**

Les Primevères de Chine à feuille de fougère sont des plantes d'une beauté très élégante ; le feuillage s'harmonise avec les fleurs, et l'ensemble produit est on ne peut plus gracieux ; elles sont néanmoins plus rares en culture que les autres races et moins estimées, surtout des horticulteurs, parce que leurs feuilles sont d'une fragilité extrême et se brisent au moindre choc.

Ces variétés ont été obtenues facilement, et il en existe une série identique dans les plantes à fleurs doubles de cette Primevère ; mais, disons-le ici, la création des variétés à feuille de fougère, dans toutes les races et pour tous les coloris, est au moins inutile pour certaines et complique d'une singulière façon les collections de ce genre.

Les Primevères de Chine à fleurs simples sont trop connues pour que nous ayons besoin de décrire leurs caractères et de faire valoir leurs mérites. Elles sont toutes jolies par un caractère ou un cachet particulier. Une plante, pour être belle, doit présenter les caractères suivants : un port élégant, un feuillage ample, vigoureux et d'une bonne tenue, ni étalé, ni trop dressé ; les ombelles de fleurs doivent paraître bien au-dessus des feuilles et être portées par des hampes vigoureuses ; les fleurs ont besoin d'affecter une forme ronde, de se bien tenir pour se présenter à la vue le plus favorablement possible, enfin, être revêtues de l'une des nuances propres à ces fleurs, mais d'une teinte plutôt vive et fraîche que fausse et décolorée.

La plante entière doit former un ensemble régulier, un bouquet comprenant les feuilles et les fleurs bien harmonisées par leur beauté respective.

Les variétés à fleurs simples ont un cachet d'élégance sur elles qui les fait parfois préférer à celles à fleurs doubles ou pleines; elles sont en outre plus vigoureuses de végétation et surtout plus florifères que ces dernières et à fleurs plus grandes. L'œil jaune ou brun du centre tranche presque toujours d'une façon agréable sur la couleur de la corolle et produit alors un contraste frappant.

VII. **Primevères de Chine à fleurs frangées doubles** (*P. sinensis fimbriata flore pleno Hort.*).

Cette série comprend des Primevères à fleurs pleines ou semi-pleines, appelées simples et semi-doubles, dont la duplicature consiste en un plus grand nombre de pièces pétaloïdes donnant à la fleur un aspect imbriqué ou plus ou moins chiffonné au centre, selon le degré de plénitude des fleurs.

Les variétés à fleurs doubles, quoique ayant une floraison bien moins abondante que celles à fleurs simples, se recommandent, en revanche, par la plus longue durée de leurs fleurs. En effet, alors que celles simples se fanent assez vite et se détachent de leur calice à la moindre manipulation de la plante, les fleurs doubles, par contre, tiennent très longtemps parce qu'elles sont souvent stériles, et dans la plupart des cas même, sèchent dans leur calice et deviennent marcescentes; il faut alors les couper pour approprier la plante. Par suite de l'augmentation des pièces florales et de leur disposition, les organes sexuels se trouvent naturellement cachés et ne peuvent recevoir la visite d'insectes opérant la fécondation, ce qui oblige à féconder artificiellement en promenant sur le pistil un pinceau chargé de pollen des étamines de la plante. Malgré cela les fleurs doubles donnent peu de graines mais reproduisent presque fidèlement le caractère de la duplicature, puisque celle-ci n'est en somme qu'un genre de monstruosité florale, et plusieurs végétaux horticoles perpétuent presque intégralement par leurs graines des caractères monstrueux analogues qui, d'accidentels, sont devenus permanents, et ont fini par constituer des races complètement fixes.

Les Primevères de Chine frangées à fleurs doubles sont très élégantes, et la consistance de leurs fleurs permet d'employer celles-ci à la confection des petits bouquets; elles sont susceptibles d'être *montées* et peuvent alors fournir un appoint remarquable surtout les blanches, aux rares fleurs d'hiver dont les horticulteurs ont tant besoin pour les fêtes de la Noël et du jour de l'An.

Voici la liste des variétés se reproduisant en grande majorité, comme coloris et duplicature :

Frangée double **blanc pur**;
— **blanc carné**;
— **bleue**;
— **rose**;
— **rose à tige brune**;
— **cuivrée**;
— **lilacée marbrée** (*lilacina marmorata*);
— **rouge vif**;
— **rouge carmin**;
— **rouge carmin changeant**;
— **rouge violacé** (*mutabilis*);
— **magenta**;
— **pourpre**;

Frangée double panachée;
— pompon rose tendre;
— carnée à feuillage crispé.

Fig. 21. — Primevère de Chine frangée double.

VIII. P. de Chine à fleurs frangées doubles à feuille de fougère.

Presque toutes les variétés de la race précédente se rencontrent chez les plantes de cette série qui ont le feuillage particulier déjà obtenu dans la race à fleurs frangées simples.

IX. P. de Chine à fleurs frangées doubles à fleur d'œillet.

Première variété d'une sous-race remarquablement

Fig. 25. — Primevère de Chine frangée double très remarquable (*spectabilis*).

belle et distincte, obtenue par MM. Vilmorin dans leurs cultures d'Antibes. Feuillage ample et légèrement festonné; tiges florales vigoureuses et rigides, portant d'abondantes fleurs rose carné, plus grandes et plus doubles que dans toutes les variétés obtenues jusqu'ici.

X. **P. de Chine à fleurs frangées doubles très remarquable** (*spectabilis*).

Les plantes de cette série se distinguent nettement des autres par leur feuillage d'une rare élégance, à bords encore plus frisés et crépus que celui de la Mauve frisée.

Ces feuilles sont grandes, amples; les fleurs, nombreuses, sont roses, bien doubles et à pétales finement frangés.

La Primevère de Chine avec ses nombreuses et diverses races, sous-races et variétés, est incontestablement l'une des plantes les plus répandues parmi toutes les personnes qui aiment et achètent des fleurs.

Sa beauté, et surtout le mérite qu'elle a de fleurir presque toujours, principalement en hiver, lui ont valu à juste titre la vogue dont elle jouit parmi le public. C'est véritablement une plante belle et utile; belle par ses fleurs, son port, son feuillage, utile par les nombreux et variés services qu'elle peut rendre dans la décoration des serres et des appartements. Par des semis successifs il est possible d'en avoir en fleurs presque toute l'année; elles servent partout à la décoration des appartements, des serres froides, des jardinières, où l'on peut mettre à profit toutes les qualités qui caractérisent cette plante.

Culture.

Semis, repiquage. — Les Primevères de Chine peuvent se reproduire par le semis de leurs graines, par le bouturage et le marcottage pour les variétés que l'on désire conserver et qui ne donnent pas de semence.

La multiplication par graines a l'avantage de produire des plantes plus vigoureuses et plus florifères que celles obtenues autrement; c'est le moyen le plus pratique pour propager en grand les variétés à fleurs simples et celui par lequel il est possible d'obtenir des nouveaux coloris et des plantes remarquables à un titre quelconque parmi les races à fleurs doubles ou pleines.

La date du semis varie suivant l'époque à laquelle on veut jouir de ces plantes; elle est ordinairement de mai en juillet-septembre.

Le semis peut être fait de deux façons différentes :

1° Semer en pépinière, en planche, en terre de bruyère légère, bien saine et à mi-ombre ; enterrer très peu la graine, recouvrir le semis d'une toile légère tendue au-dessus du sol à 10 à 15 centimètres, ou bien d'un panneau vitré pour éviter le bouleversement des graines s'il survenait de fortes pluies.

2° Semer en terrines ou en pots bien *drainés*, dans un compost formé de 2 tiers de terre de bruyère sableuse et 1 tiers terreau de fumier bien consommé. Mettre les récipients sous châssis comme des semis de Calcéolaires et de Cinéraires, ou les laisser à l'air libre, à l'ombre, en les enterrant dans le sol. Bassiner à la seringue quand le besoin se fait sentir. La levée est rapide, quoique généralement capricieuse, et dès que les jeunes plants ont quelques feuilles, on les plante en petits godets à boutures de 0m05 à 0m06 de diamètre, dans le sol qui leur convient et en ayant toujours soin de drainer le fond des pots, au moyen de tessons. Les plantes sont placées à mi-ombre, sous châssis aérés largement, le plus près du vitrage possible, et espacés les unes des autres pour qu'elles ne se touchent pas. Il faut déjà veiller à entretenir une propreté rigoureuse en visitant les plantes tous les deux jours au moins et y enlevant les feuilles jaunes ou pourries. Les mouillures doivent être faites avec un arrosoir à mince goulot, et il est bon, en pratiquant celles-ci, de ne pas mouiller le cœur, de soulever avec la main les feuilles qui pourraient être mouillées par le liquide et de vérifier à mesure celles qui ont besoin d'être arrosées ou non. Les plantes sont rempotées lorsque le besoin s'en fait sentir.

Au lieu de cultiver ces plantes en pots, il est facile de les planter sous châssis, à mi-ombre, dans un compost favorable, à une distance de 30 à 35 centimètres, en tous sens, puis de les traiter comme les sujets tenus en pots. Un paillis est étendu dans l'espace vide entre les plantes. Les arrosements peuvent être plus abondants, mais jamais ils ne doivent être inutiles.

Bouturage, marcottage. — Ces deux moyens sont peu employés pour multiplier les Primevères de Chine et ne sont généralement mis en pratique que pour la conservation des variétés à fleurs entièrement pleines qui ne donnent pas de graines, ou d'autres remarquables à un titre quelconque. Ajoutons que les plantes qui en proviennent ne sont jamais aussi vigoureuses et florifères ni à fleurs aussi grandes que celles venues de semence.

On peut bouturer, soit après la floraison, en avril, après avoir laissé les plantes se reposer, soit en juillet-août.

Ce procédé consiste à séparer des pieds de l'année les bourgeons feuillés qui se sont développés à la base. L'ablation doit être faite avec beaucoup de soins, puis on habille les boutures en supprimant avec soin les vieilles feuilles s'il y en a ainsi que les pétioles flétris ; ces boutures sont plantées, mais sans enterrer l'œil, en tout petits godets remplis de terre de bruyère très sableuse et drainés au fond, puis elles sont maintenues verticalement par un petit tuteur auquel on attache les feuilles.

Un bassinage léger est donné pour les fixer au sol ; on les place après en serre à multiplication, sous cloches ou sous châssis, mais en tout cas à l'étouffée et à l'ombre.

Les cloches ou les châssis doivent être essuyés chaque matin, et les boutures rester découvertes pendant au moins une heure, afin qu'elles aient le temps de se ressuyer ; il faut avoir soin d'ôter à mesure toutes les parties qui se gâtent et ne bassiner que lorsque le besoin s'en fait sentir, et chaque bouture séparément.

Lorsque l'on voit qu'elles sont enracinées, ce qui se reconnaît au développement de la végétation, on les sort à l'air libre de la serre où elles sont bassinées pour qu'elles ne fanent pas. On les rempote, dès que cela est nécessaire, en godets d'environ 9 cent. de diamètre, avec un bon drainage, puis on les place sous châssis froid de préférence, ou en serre froide et le plus près du vitrage possible.

On peut aussi les planter à plein sol, sous châssis, comme nous l'avons dit pour les plantes de semis.

Le marcottage consiste à faire produire des racines aux bourgeons latéraux, avant de les séparer du pied mère. A cet effet, on transporte dans la serre à multiplication ou sur couche les pieds que l'on désire reproduire ; lorsque la végétation est bien renouvelée, on procède comme suit : une certaine quantité de terre est enlevée de la surface du pot des plantes à marcotter, de façon à bien mettre le collet et les ramifications à nu. On enlève soigneusement les parties sèches et mortes de manière à ce que les plantes soient bien propres. Il est disposé alors autour des pieds un compost de terre de bruyère très sableuse ou préférablement une couche de sphagnum vivant, affectant une forme bombée, de façon à recouvrir légèrement les bourgeons à leur base, mais en laissant l'œil bien découvert. On bassine légèrement et une humidité constante doit être entretenue par la suite sur le sol, mais en ayant soin, lors des bassinages, de ne pas mouiller les feuilles et le cœur des plantes, ce qui ferait infailliblement pourrir celles-ci.

L'enracinement est assez rapide, cinq à six semaines environ et le sevrage doit être fait avec précaution ; les marcottes sont séparées de leur mère avec un instrument bien tranchant et assez délicatement pour conserver aux nouvelles radicelles une petite motte de terre ou de sphagnum. Elles sont empotées en petits godets bien drainés, puis gardées en serre ou sur couche jusqu'à la reprise ; on les place alors sous châssis en les habituant graduellement à l'air pour les endurcir. Un rempotage est donné dès qu'il est nécessaire.

Compost, rempotage. — La culture de ces plantes se rapprochant beaucoup de celle des Calcéolaires et des Cinéraires, nous prions donc le lecteur de bien vouloir se reporter à ces chapitres pour le traitement général, car nous n'indiquerons ici que les particularités nécessaires, trouvant inutile de nous répéter sans raison.

Ces Primevères aiment une terre plutôt légère que forte ; on se trouve bien d'un compost formé de 1/4 terre franche de jardin, 1/4 terreau de fumier et 1/2 terre de bruyère sableuse, le tout bien mélangé et préparé un an à l'avance si c'est possible, après avoir été remanié au bout de six mois. D'aucuns praticiens emploient un mélange formé de 3/4 de terre de bruyère et 1/4 de terreau de couche.

En principe, il ne faut jamais rempoter *grandement* les Primevères, car ces plantes paraissent beaucoup mieux se plaire et sont plus belles en pots relativement petits.

Le rempotage se pratique dès que les plantes en ont besoin dans leurs godets de repiquage ou de bouturage. A cet effet on choisit des pots de 9 à 10 cent. de diamètre, bien propres, et au fond desquels on dispose un drainage d'environ 1 cent. 1/2 à 2 cent. de hauteur, bien placé de façon à faciliter le libre écoulement de l'eau des arrosements. Les jeunes plantes sont dépotées sans froisser les racines, puis mises de telle façon qu'une fois le rempotage exécuté, le collet ne se trouve ni au-dessus ni en dessous du niveau du sol ; dans le premier cas les plantes ne tiendraient pas droites et casseraient tôt ou tard, dans le second le cœur pourrirait par l'eau des arrosements.

Un second rempotage est donné aux plantes très vigoureuses, de la même façon que le premier, en pots de 12 à 13 cent. de diamètre, au maximum. Celles cultivées à plein sol sont empotées de la façon suivante : une quinzaine de jours auparavant on aura cerné les plantes en enfonçant autour des pieds une houlette, à la distance que l'on juge nécessaire pour laisser une motte moyenne aux plantes ; elles sont ensuite *levées* et mises en pots comme il est indiqué pour les autres, dans des récipients ne dépassant pas 12 à 15 cent. de large. On les bassine abondamment puis on les place sous châssis, à l'étouffée, à l'ombre, jusqu'à ce qu'elles soient bien reprises ; elles sont habituées ensuite progressivement à l'air et hivernées sous châssis ou en serre froide.

Hivernage sous châssis et en serre. — Ces plantes ne réclament pour l'hiver qu'une lumière abondante, des arrosements modérés et une grande aération pour chasser l'humidité atmosphérique.

Les sujets hivernés sous châssis sont toujours plus beaux, plus trapus que ceux qui le sont en serre, et les soins qu'ils demandent pendant cette saison ne diffèrent pas de ceux octroyés aux Calcéolaires abritées de même.

Si elles sont placées en serre froide, il faut les tenir le plus près du vitrage possible, sur des pots renversés. Là aussi les arrosements doivent être parcimonieux, surtout les temps sombres ; il vaut même mieux attendre, si possible, une journée ensoleillée pour ce travail, puis aérer une heure ou deux pour chasser l'humidité produite. Les soins à venir sont semblables à ceux que l'on donne aux Calcéolaires et aux Cinéraires : même température, même humidité sauf les bassinages sur les feuilles, à cause des fleurs, même engrais, même aération et lumière, mi-ombre, mêmes soins généraux. Cette similitude de culture est d'autant plus facile à pratiquer que ces plantes sont généralement cultivées ensemble, côte à côte, dans la même serre ou sous les mêmes châssis.

La Primevère de Chine est si généralement connue et employée que nous croyons presque inutile d'en faire l'éloge et d'énumérer les services qu'elle peut rendre.

Par des semis successifs il est possible d'avoir cette plante en fleurs pendant une grande partie de l'année ; il est même encore plus facile d'obtenir ce résultant en traitant les pieds de l'année de la façon suivante : On coupe dessus les hampes florales à mesure qu'elles défleurissent, puis les plantes passent l'été dehors à l'ombre, les pots enterrés, en ne les arrosant que très peu. En août-septembre on rempote les plantes en supprimant une partie de la vieille motte, puis on les remet végéter par des arrosements et des engrais.

Les plantes ainsi traitées peuvent durer plusieurs années, mais les fleurs ne sont pas si belles ni de coloris si frais que celles des jeunes pieds de semis. La floraison commence dès le mois d'octobre et se continue tout l'hiver.

A la beauté et l'élégance du feuillage cette plante joint des fleurs non moins remarquables comme forme et coloris, sa qualité de fleur hivernale et son aptitude à se prêter à tous les genres de décoration en ont fait une des fleurs les plus recherchées pour les appartements.

C'en est même la fleur classique par excellence, celle que tout le monde aime et désire avoir pour décorer un meuble, une jardinière, une cheminée, etc. Pendant la saison où elle s'épanouit avec le plus de charme, en hiver, n'est-elle pas un peu la reine des fleurs, et n'est-ce pas parce qu'elle vient pendant la mauvaise saison égayer notre intérieur, que nous l'apprécions tant ?

II. **Primevère de Forbes** (*Pr. Forbesii* FRANCH.)

Originaire du Yunnan, cette Primevère est annuelle ou vivace, selon les conditions de la culture. C'est une plante dite acaule, légèrement pubescente à la base, pulvérulente aux sommité fleuries. Feuilles en rosace à limbe ovale ou oblong, inégalement denté. Hampes florales très grêles, dressées, ou sub-

Fig. 26. — Primevère de Forbes (*P. Forbesii.*)

dressées, flexueuses, pouvant atteindre 40 à 50 centimètres de hauteur, portant de 3 à 5 faux verticilles plus ou moins espacés, de 8 à 10 fleurs chacun; ces fleurs sont plus ou moins longuement pédicellées, à calice farinulent, larges, dans les cultures, de 2 centimètres et plus, d'un joli rose tendre lilacé, ceint à la base d'une couronne blanchâtre entourant la gorge qui est jaune orangé. Elle croît, dans son pays d'origine, sur le bord des rizières, les racines plongeant presque complètement dans l'eau.

Cette espèce, eucore nouvelle dans les collections, est remarquable non seulement par ses fleurs nombreuses, élégantes et d'une jolie couleur, mais surtout par la longue durée de sa floraison. Celle-ci dure, en effet, presque l'année entière et donne à cette plante un mérite tout particulier pour la décoration des serres et des appartements et principalement comme plante de garnitures de table, de surtout, de jardinière, où la gracilité de ses tiges et l'élégance de ses fleurs légères lui assureront un emploi permanent, étant associée à d'autres végétaux à feuillage ou à fleurs, des fougères, etc.

Culture. — La culture de cette espèce est facile et diffère peu de celle donnée aux autres Primevères de serre froide.

On sème de mai en septembre, en terrines, en terre de bruyère finement tamisée, en recouvrant très peu les graines, en serre ou sous châssis. Lorsque les plants ont 2 feuilles, on les repique en terrines, à environ 2 centimètres de distance en tous sens, en terre de bruyère, et on les remet en serre ou sous châssis, le plus près de la lumière possible. Des bassinages sur les feuilles sont donnés pendant les journées ensoleillées.

Lorsque les pieds sont assez forts, on les plante généralement par 3 ou 4 en godets de 9 centimètres de large, en terre de bruyère pure. Cette grandeur de récipients suffit bien pour la végétation des plantes, et nous obtenons ainsi de jolies touffes portant de 40 à 50 tiges fleuries, peu encombrantes et très aptes aux petites décorations. Les plantes sont remises après l'empotage en serre ou sous châssis, près du verre, où on leur donnera beaucoup d'eau et d'humidité atmosphérique ; des bassinages journaliers sur les feuilles suffisent presque toujours à tenir le sol assez frais jusqu'à ce que les racines entourent la motte; on peut alors arroser abondamment les pots afin de tenir la terre très humide, état qui plaît particulièrement à cette espèce, qui, dans son pays d'origine, croît sur le bord des rigoles des champs de riz, où ses racines plongent à peu près constamment dans l'eau. Il faut cesser les bassinages lorsque les plantes fleurissent. Si on ne désire pas les employer à des garnitures pittoresques de rochers, abords des bassins d'eau des serres, des petits aquariums, il est bon de construire une légère carcasse en fil de fer entourant les tiges qui, sans cela, tombent, et prennent toutes les formes possibles.

Elles forment dans ce dernier cas un enchevêtrement très original et sont tout à fait désignées, comme nous l'avons dit, à garnir une petite niche de rochers dans les serres ou jardins d'hiver, ou le bord des bassins dont l'humidité leur est très favorable, ou les petits aquariums, le pot légèrement plongé dans l'eau. Ajoutons qu'il vaut mieux traiter cette espèce de Primevère comme annuelle, quoiqu'elle soit vivace de sa nature ; car les vieux pieds, épuisés par une floraison incessante, ne donnent la seconde année que des hampes de plus en plus grêles et des fleurs insignifiantes. La plante produit abondamment des graines, et celles-ci lèvent quelquefois sur le sol environnant les plantes ; on peut les repiquer à mesure et se dispenser ainsi du semis régulier.

Le *Primula Forbesii* est de serre froide, mais peut très bien être cultivé en serre tempérée, ou même chaude, surtout si on a en vue la floraison hivernale de cette jolie plante.

III. Primevère obconique (*Primula obconica* HANCE). — Originaire de la Chine, cette espèce est annuelle ou vivace, selon la culture à laquelle elle est soumise.

Fig. 25. — Primevère obconique à grands fleurs (*P. obconica grandiflora*).

C'est une plante réputée acaule; à feuilles dites radicales, pétiolées, obcordées, dentées, ciliées, à limbe mollement velu surtout à la page inférieure; ses hampes axillaires, raides, dressées, haute de 15 à 30 centimètres, se terminent par une ombelle de 12 à 20 fleurs. Le calice vert, glabre, monophylle, largement évasé, atteint environ aux deux tiers de la corolle ; celle-ci assez grande, presque campanulée, est d'un blanc carné ou lilas très clair ; à lobes profondément échancrés ; le style de longueur variable est inclus ou saillant (hétérostylie).

Nous avons pu observer plusieurs hampes florales qui, au lieu de se terminer par une ombelle simple, se continuaient, au delà de celle-ci, pour se terminer par une seconde ombelle, de plus petites dimensions; c'est une variation qui tend à aboutir à la formation d'une inflorescence en étages, analogue à celle du *P. Forbesii.*

Cette plante s'est montrée variable dès son introduction dans les cultures, et, par des semis répétés et sélectionnés on est parvenu à obtenir une race à *grandes fleurs*, qui se remarque par une végétation plus vigoureuse dans toutes ses parties ; par des fleurs surtout plus grandes, à corolle plus ronde, mieux faite, bien étalée et de coloris variant du rose au lilas, en teintes plus ou moins foncées. Une race à fleurs frangées est en voie de formation et promet des plantes intéressantes pour l'avenir.

Culture. — Cette plante élégante est d'une culture très facile : on peut la semer de mai en septembre et même toute l'année, en pots ou terrines, en terre de bruyère tamisée, qu'on place en serre ou sous châssis suivant la saison où l'on opère ; on repique en pépinière, sous châssis froid ou en terrines, en serre, de façon à ce que les plantes reçoivent le plus de lumière possible ; lorsque le plant s'est suffisamment développé, on le met en godets et finalement en pots que l'on place en serre froide basse ou sous châssis, comme des Calcéolaires. Le meilleur sol paraît être un compost formé de terre de bruyère, terreau de couche et terre franche par tiers, ou encore 1/2 terre de bruyère, 1/4 terre franche, 1/4 terreau de couche. Cette plante est très gourmande de nourriture et par deux ou trois rempotages successifs peut former de superbes touffes; elle supporte aussi quelques mouillures à l'engrais comme il est conseillé pour les Primevères de Chine et les Calcéolaires. En faisant succéder des semis depuis le mois de mai jusqu'en octobre, on parvient à avoir des plantes qui fleuriront toute l'année suivante, sans interruption. La multiplication peut se faire très facilement par la séparation des bourgeons feuillés et nombreux qui se développent au pied des plantes, mais ce procédé est peu employé, car le semis est préférable et plus rapide sous tous les rapports. La culture de cette espèce est d'ailleurs à peu près identique à celle de la Primevère de Chine; ses qualités et ses mérites peuvent au moins marcher de pair avec ceux de cette dernière, et, à ce sujet, nous nous permettrons de reproduire un article que nous avons publié dernièrement dans la *Revue horticole* (n° 10-16 mai 1896).

La Primevère de la Chine semble avoir rencontré une sérieuse rivale dans la Primevère obconique. Comme au point de vue de la culture, des emplois et des qualités, elles se rapprochent beaucoup l'une de l'autre, nous allons établir un parallèle entre elles et chercher à énumérer les mérites respectifs du *Primula obconica*.

La Primevère de la Chine est arrivée à un degré de perfection qu'il paraît difficile de dépasser aujourd'hui; elle joint à des variations incomparables dans le coloris d'autres non moins remarquables dans la forme des fleurs et du feuillage. La régularité de la corolle, sa grandeur, la duplicature, l'ampleur des ombelles, du feuillage avec ses diverses formes, la jolie variété des couleurs, la facilité de la culture, font actuellement de cette Primevère une des plus charmantes plantes d'appartements et de serre froide et partant une des plus naturellement recherchées.

Si, à cette plante qui réunit tant de qualités diverses, on compare la Primevère obconique, la rivalité dont nous voulons parler ne peut certes pas exister quant à la beauté du feuillage, la diversité des couleurs des fleurs, l'ampleur des ombelles, mais bien quant aux qualités de rusticité relative comme espèce d'appartements et surtout comme floribondité, que le *P. obconica* possède à un plus haut degré que le *P. sinensis*.

Bien qu'introduite depuis peu d'années, cette espèce chinoise commence déjà à tenir ce qu'elle promettait dès 1874. En effet, les membres présents à la séance de la Société nationale d'horticulture de France du 27 février dernier, ont pu admirer un lot de *Primula obconica à grande fleur blanche*, présenté par MM. Vilmorin. C'est là une obtention remarquable; une amélioration non moins méritante existe dans la grandeur des fleurs qui, actuellement, sont bien faites, rondes, avec le bord des pétales fimbrié quelquefois, variant comme coloris du rose au lilas en passant par les teintes intermédiaires; elles peuvent atteindre parfois plus de 3 centimètres 1/2 de diamètre. Les pédoncules sont fermes tout en étant légers et les ombelles de fleurs, très nombreuses, se dégagent bien au-dessus du feuillage qui est fourni et d'un beau vert gai.

La qualité la plus précieuse de cette plante réside dans son extraordinaire floribondité qui n'est égalée, chez les Primevères, que par les *Primula Forbesii* et *floribunda;* le *P. obconica* fleurit presque toute l'année, surtout si l'on a soin de supprimer les tiges défleuries à mesure, de donner progressivement une bonne nourriture aux plantes, avec quelques additions d'engrais. La culture est plus facile que celle de la Primevère de Chine, l'espèce est plus rustique et peut sans peine souffrir quelques degrés de froid; comme plante d'appartement, nous la préférons à la Primevère de Chine, elle fleurit et refleurit plus facilement et plus longtemps, ses feuilles ne sont pas si fragiles que celles de cette dernière; elle est sans rivale pour les garnitures de table, les surtouts, et, si ce n'est déjà fait, nous conseillons fort aux horticulteurs de la cultiver afin de l'employer pour les petits bouquets à la main; enfin, nous ne connaissons pas de plantes de marché qui lui soient beaucoup supérieures sous tous les points de vue.

Par des semis successifs, on peut aussi bien l'avoir en fleurs en été qu'en hiver, au printemps qu'à l'automne. Envisagée maintenant comme plante de pleine terre, avec abri l'hiver, ou cultivée en plein air, l'été à mi-ombre, elle est de beaucoup moins recommandable que comme plante de serre froide. Tout en restant aussi floribonde, la plante prend beaucoup moins de développement dans toutes ses parties, surtout les fleurs sont beaucoup plus petites; néanmoins, dans un endroit abrité, elle fait une heureuse diversion parmi les autres végétaux.

En résumé, ses qualités originelles d'une part, la science des semeurs de l'autre, ont déjà fait du *Primula obconica* une *bonne plante* dans toute l'acception du mot, et il ne faut pas oublier que nous ne sommes encore qu'au début et que l'avenir est plein de surprises, surtout en horticulture.

IV. **Primevère floribonde** (*Primula floribunda* WALL; *Syn. P. obovata* WALL.).

Cette espèce de l'Himalaya est annuelle ou vivace. C'est une plante à tige très réduite, entièrement couverte de poils plus ou moins glanduleux; ses feuilles longues de 8 à 15 centimètres, ovales ou rarement obovales, sont grossièrement crénelées. Les hampes nombreuses, hautes de 10 à 20 centimètres, portant de 2 à 5 faux verticilles superposés, ayant chacun de 3 à 6 fleurs d'un jaune d'or, larges de 12 millimètres, à lobes entiers, obcordés. L'hétérostylie y est bien accentuée.

Cette espèce est très rare encore dans les collections; c'est une plante minuscule, une miniature dont tout le mérite réside dans sa floribondité et dans la couleur jaune de ses fleurs, qui est unique dans le groupe des Primevères de serre froide. Elle fleurit abondamment pendant tout l'hiver, mais moins cependant que les *Primula Forbesii* et *obconica*; néanmoins, la couleur vive de ses fleurs est très remarquable et permet d'obtenir de jolis effets en associant cette espèce à d'autres du même genre dans la décoration des serres, sur le bord des tablettes ou parmi les gazons de Sélaginelles ou de petites fougères.

Culture. — La culture de cette plante est celle des *P. obconica* et *Forbesii*, mais elle demande un peu plus de chaleur, ce qui l'indique presque comme plante de serre tempérée. Il lui faut la terre de bruyère pure comme au *P. Forbesii*, et comme lui, elle doit être tenue en petits godets, isolée ou en touffe, et ceux-ci toujours proportionnés à sa taille.

CINÉRAIRE HYBRIDE

Fig. 1. — Akène.

— 2. — Coupe longitudinale montrant l'embryon.

— 3. — Plantule.

CALCEOLARIA RUGOSA

Fig. 4. — Fleur.

— 5. — Coupe longitudinale.

— 6. — Corolle et androcée détachées.

— 7. — Ovule isolé.

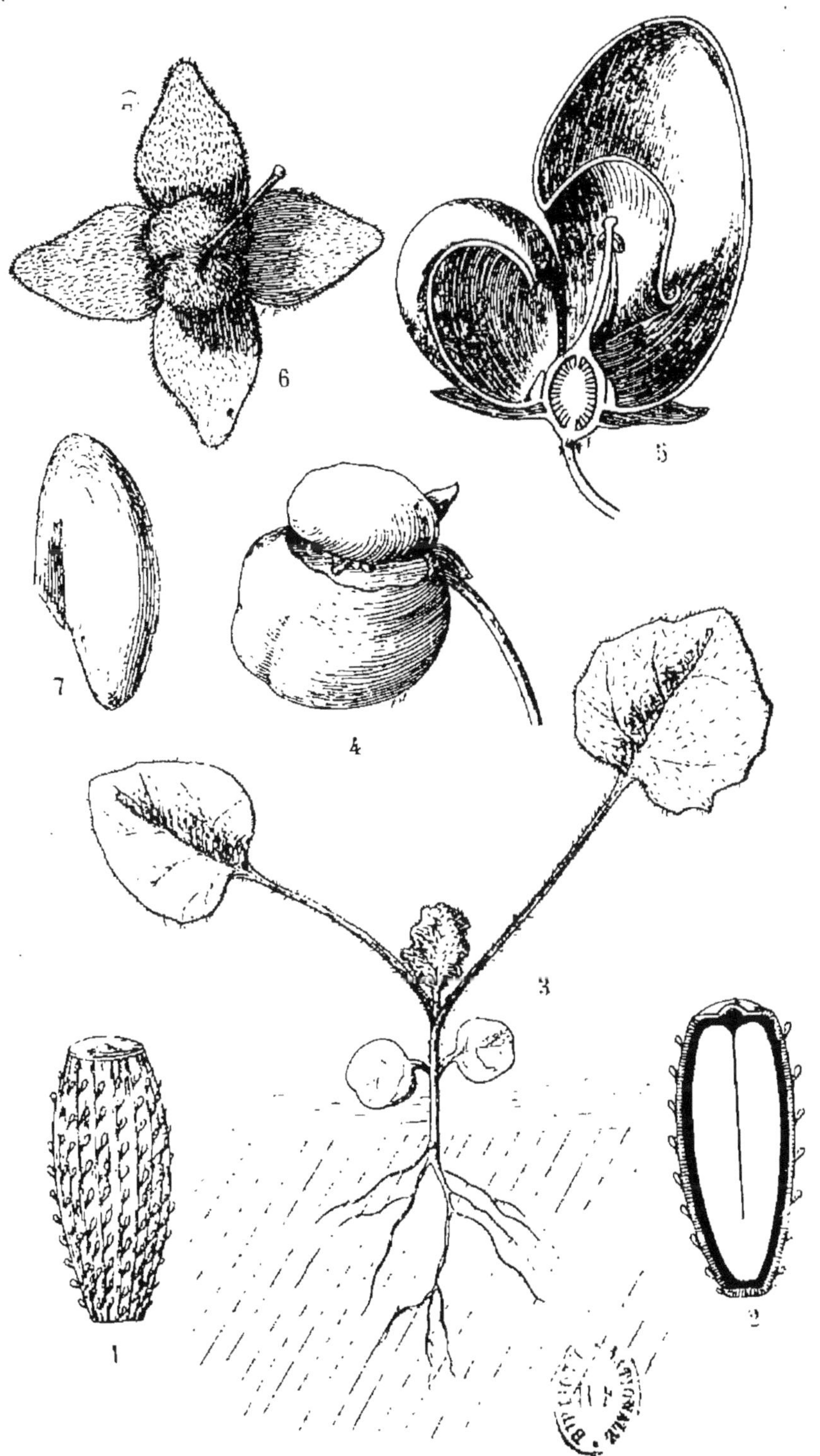
6
5
7
4
3
1
2

HELIOTROPIUM PERUVIANUM

Fig. 8. — Fleur.
— 9. — Coupe longitudinale du gynécée.

PRIMULA SINENSIS VAR. FIMBRIATA

Fig. 10. — Graine, face dorsale.
— 11. — Coupe longitudinale.
— 12. — Embryon isolé, dont le dicotylédon est échancré.
— 13. — Plantule.

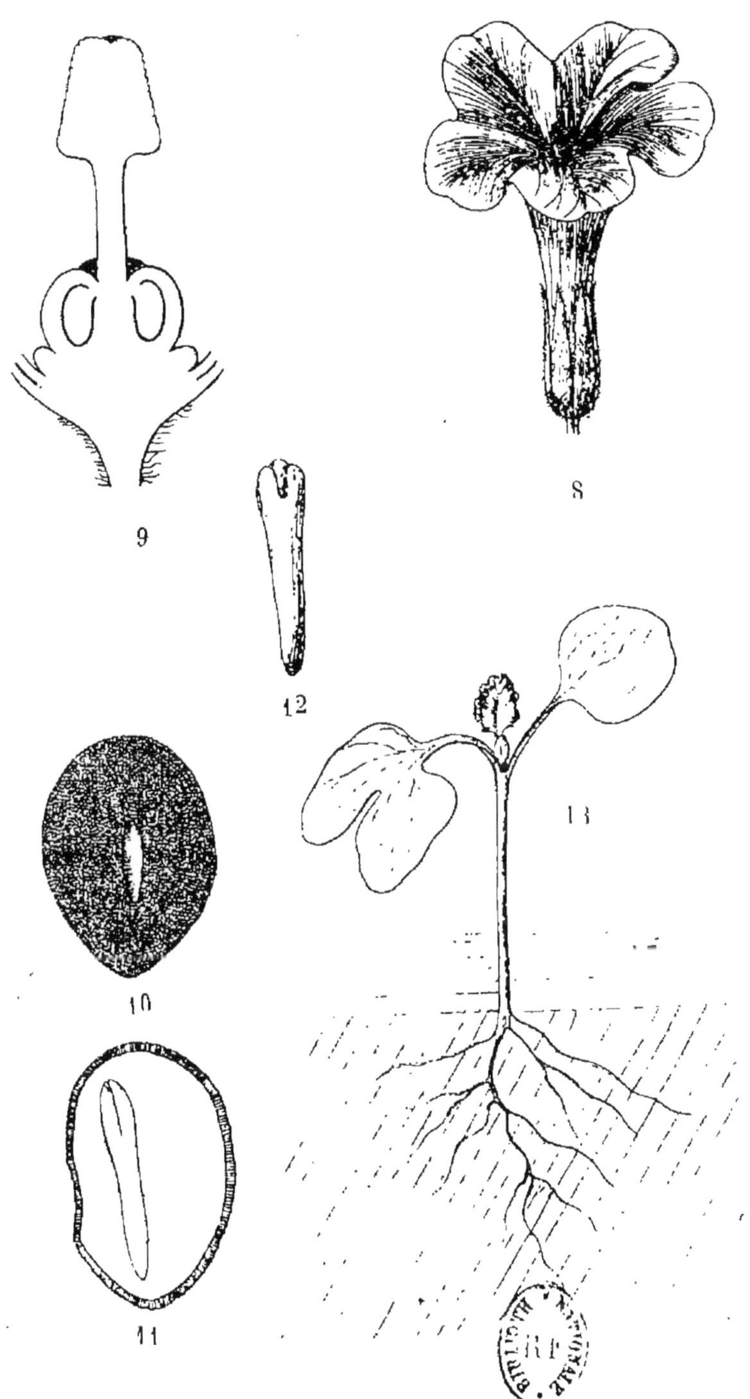
9
8
12
13
10
11

TABLE DES MATIÈRES

Paris. — Imprimerie F. Levé, rue Cassette, 17.

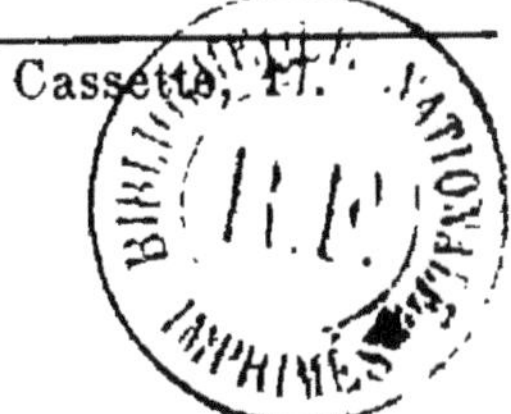

www.ingramcontent.com/pod-product-compliance
Ingram Content Group UK Ltd.
Pitfield, Milton Keynes, MK11 3LW, UK
UKHW020142200726
13856UKWH00003B/811